普通高等教育"十一五"国家级规划教材

21世纪大学本科计算机专业系列教材

国家精品课程配套教材

# 程序设计基础（C语言）实验指导

潘玉奇 刘明军 编著

李晓明 主审

清华大学出版社

北京

## 内 容 简 介

本书是《程序设计基础(C语言)》的配套实验教材,内容包括:Visual C++ 6.0 集成开发环境的使用方法,包括源程序的创建、编译、连接和运行过程,程序的单步调试方法和调试窗口的使用,以及创建工程的方法;对应《程序设计基础(C语言)》的第 2~8 章设置了 26 个实验,实验题目分为读程序写出运行结果、程序改错、编写程序;在第 1~8 章中列出了学生经常出现的错误,先分析错误原因,再给出错误的解决方法;第 9 章中设置了 8 个综合性较强的实验,可以作为课程设计的实验题目。

本书实验数量多,实验题目形式多样,难度深浅不同,读者可以根据自身的学习情况选择适合的实验题目。正确使用本实验指导书,可以加深、巩固在《程序设计基础(C语言)》中所学的知识,提高编程能力和上机调试能力,并熟悉 Visual C++ 6.0 集成开发环境的使用。

本书既能满足高等学校计算机专业、网络工程专业等专业教学的要求,也适合非计算机专业的计算机公共基础课程的教学需要。

**图书在版编目(CIP)数据**

程序设计基础(C语言)实验指导/潘玉奇,刘明军编著.—北京:清华大学出版社,2011.1
(21 世纪大学本科计算机专业系列教材)
ISBN 978-7-302-23852-2

Ⅰ. ①程… 　Ⅱ. ①潘… ②刘… 　Ⅲ. ①C 语言－程序设计－高等学校－教学参考资料
Ⅳ. ①TP312

中国版本图书馆 CIP 数据核字(2010)第 178002 号

责任编辑:张瑞庆　柴文强
责任校对:李建庄
责任印制:李红英

出版发行:清华大学出版社　　　　　　　　地　　　址:北京清华大学学研大厦 A 座
　　　　　http://www.tup.com.cn　　　　　邮　　　编:100084
　　社　总　机:010-62770175　　　　　　邮　　　购:010-62786544
　　投稿与读者服务:010-62795954,jsjjc@tup.tsinghua.edu.cn
　　质　量　反　馈:010-62772015,zhiliang@tup.tsinghua.edu.cn
印　装　者:北京国马印刷厂
经　　　销:全国新华书店
开　　　本:185×260　　　印　张:9.75　　　字　　数:237 千字
版　　　次:2011 年 1 月第 1 版　　　　　印　　次:2011 年 1 月第 1 次印刷
印　　　数:1~3000
定　　　价:19.50 元

产品编号:040114-01

# 前　言

　　程序设计基础课程需要进行大量的编程练习和上机操作,这样才能理解和掌握程序设计所涉及的概念、内涵、编程思想以及程序调试方法与技巧。只有通过不断的实践,才能逐步积累编程经验,从而真正提高程序设计的能力。

　　本书作为《程序设计基础(C 语言)》的配套实验教材,共分 9 章,每章内容主要分为以下3 个部分。

　　第一部分是对本章的学习要点进行总结归纳。

　　第二部分是结合本章的内容设置相应的实验。实验题目主要分为 3 类:(1)给出程序,要求学生阅读程序并写出程序的运行结果;(2)给出程序,要求学生找出程序中的语法错误或逻辑错误,并改正错误使程序能正确运行;(3)编写程序,一般会给出 2~3 个题目,要求学生编程并上机调试,编程题的难度是不同的,学生可以根据自己的情况选做不同的题目。

　　第三部分列出了本章中的常见错误及解决方法。这些错误都是学生在学习过程中经常出现的,这部分内容有助于学生深入理解所学知识,从而避免在编程中出现类似的错误。

　　本书在第 1 章中详细介绍了 Visual C++ 6.0 集成开发环境的使用方法,包括源程序的创建、编译、连接和运行过程,程序的单步调试方法和调试窗口的使用,并简单介绍了创建工程的方法。

　　另外,本书第 9 章中的实验题目都具有较强的综合性,更适合作为课程设计的实验题目。

　　本书由济南大学程序设计基础(C 语言)课程组组织编写,主要由潘玉奇、刘明军编写,周劲、赵亚欧、袁宁、张玲、郑艳伟及课程组的其他老师在教材的编写工作中提出了宝贵意见,在此表示衷心感谢。

　　受编者水平所限,书中难免存在疏漏之处,恳请广大读者提出宝贵意见。作者的联系邮箱为 ise_panyq@ujn.edu.cn。

作　者

2010 年 9 月

# 目　录

# 第 1 章

## 程序设计概述

## 1.1 学习要点

(1) 计算机程序设计语言的基本成分有：数据成分、运算成分、控制成分、传输成分。按照语言与硬件的关联程度不同,有低级语言和高级语言之分。

(2) 程序设计是指设计、编制、调试程序的方法和过程。程序设计的具体步骤如下：①方案确定;②算法描述;③数据结构;④编写程序;⑤程序测试。

(3) 数据结构是计算机存储、组织数据的方式。数据结构一般包括以下三方面内容：①数据的逻辑结构;②数据的存储结构;③数据的运算。

(4) 算法是为解决问题而采取的方法和步骤。在程序设计中,算法是一系列解决问题的清晰指令,一个算法的优劣可以用空间复杂度与时间复杂度来衡量。

(5) 一个算法应该具有以下五个重要的特征：①有穷性;②确切性;③可行性;④有 0 个或多个输入;⑤有一个或多个输出。

(6) 算法的表示方法,一般有传统流程图、结构化流程图(N-S 流程图)、伪代码等。

(7) 程序设计方法：①结构化程序设计方法,其核心是模块化;②面向对象的程序设计方法,其立意于创建软件重用代码;③面向服务的程序设计方法。

## 1.2 Visual C++ 6.0 集成开发环境

Visual C++(简称 VC++)是微软公司开发的基于 Windows 平台的 C 和 C++ 语言的集成开发环境。在这个集成环境下,可以编辑、编译、连接、运行和调试 C 语言程序,而且提供了程序开发的有关工具,并具有项目的自动管理、窗口管理和联机帮助等功能。现在常用的是 VC++ 6.0 版本,本书以此版本为背景介绍 VC++ 的基本操作。

### 1.2.1 Visual C++ 6.0 开发环境介绍

#### 1. 启动 Visual C++ 6.0

若桌面上建立了 VC++ 6.0 的图标,则可通过鼠标双击图标启动 VC++ 6.0。

若桌面上没有图标,则可通过菜单方式启动 VC++ 6.0。选择"开始"→"程序"→"Microsoft Visual C++ 6.0"→"Microsoft Visual C++ 6.0",即可启动 VC++ 6.0,启动后

的开发环境见图 1.1。

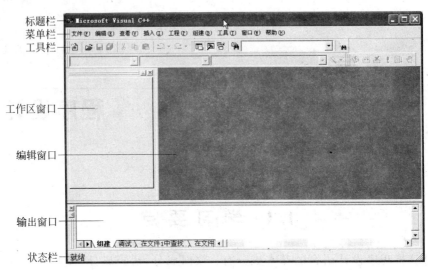

图 1.1 VC++ 6.0 开发环境

### 2. VC++ 6.0 的标题栏

标题栏主要用于显示当前应用程序的程序名和打开的文件名。图 1.1 中标题栏显示"Microsoft Visual C++",是因为目前没有打开任何文件。如果新建一个"Hello,World"程序,标题栏则会显示"hello—Microsoft Visual C++ —[hello.cpp]",其中最前面的"hello"是当前应用程序的程序名,而后面方括号中的"hello.cpp"就是打开的文件名,如图 1.2 所示。

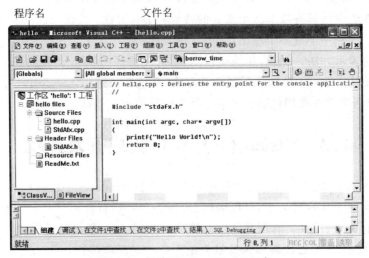

图 1.2 新建"Hello,World"程序

### 3. VC++ 6.0 的菜单栏

菜单栏位于 VC++ 6.0 开发环境的上方,它包含了开发环境中几乎所有的命令,如图 1.3 所示。

用鼠标单击菜单项,会弹出相应的下拉菜单,下面简要介绍每个菜单。

文件(F) 编辑(E) 查看(V) 插入(I) 工程(P) 组建(B) 工具(T) 窗口(W) 帮助(H)

图 1.3　VC++ 6.0 的菜单栏

　　(1) 文件菜单。菜单中的命令主要用来对文件和项目进行操作,图 1.4 为文件菜单和菜单命令对应的功能。

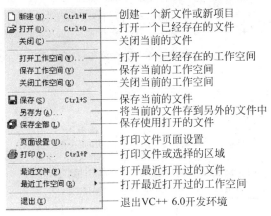

图 1.4　文件菜单

　　**注意**:VC++ 6.0 中文版对菜单命令的翻译与本书中的用词并不完全一致,本书中的"项目"一词与 VC++ 6.0 中文版菜单中的"工程"的含义是一样的。

　　(2) 编辑菜单。菜单中的命令主要用来编辑文件内容,如进行复制、粘贴、删除等操作,及断点管理等功能,图 1.5 为编辑菜单和菜单命令对应的功能。

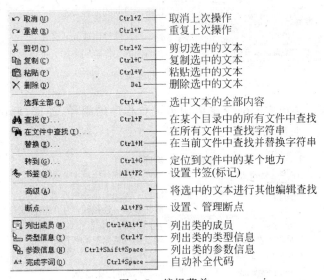

图 1.5　编辑菜单

　　(3) 查看菜单。菜单中的命令主要用来改变屏幕的各窗口的显示方式,以及调出 Class Wizard 等,图 1.6 为查看菜单和菜单命令对应的功能。

　　(4) 插入菜单。菜单中的命令主要用来实现添加类、资源、文件等,图 1.7 为插入菜单

4

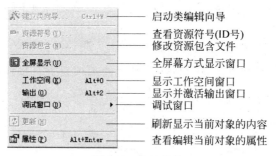

图 1.6　查看菜单

和菜单命令对应的功能。

图 1.7　插入菜单

（5）工程菜单。菜单中的命令主要用来进行项目管理，图 1.8 为工程菜单和菜单命令对应的功能。

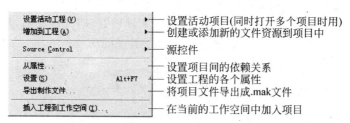

图 1.8　工程菜单

（6）组建菜单。菜单中的命令主要用来进行程序的编译、连接、调试及运行，图 1.9 为组建菜单和菜单命令对应的功能。

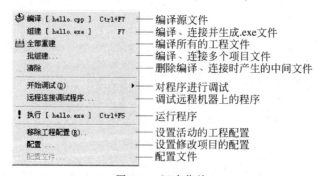

图 1.9　组建菜单

**注意**：组建菜单中倒数第 3 项写的是"移除工程配置"，这里很可能是软件汉化过程中出现了翻译错误,因为这条命令在 VC++ 6.0 英文版中是"set active configurations",该命令应该是"设置活动的工程配置"。

(7) 工具菜单。菜单中的命令主要用来调用 IDE 集成开发环境之外的一些实用工具,图 1.10 为工具菜单和菜单命令对应的功能。

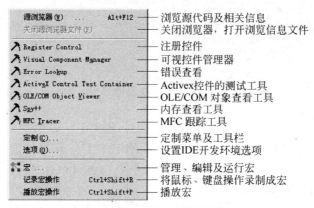

图 1.10　工具菜单

(8) 窗口菜单。菜单中的命令主要用于窗口的管理及切换操作,图 1.11 为窗口菜单和菜单命令对应的功能。

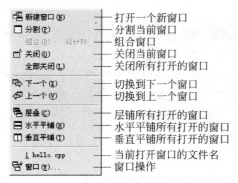

图 1.11　窗口菜单

(9) 帮助菜单。菜单中的命令主要用来提供帮助。注意:必须在安装 MSDN(Microsoft 公司为使用微软工具、产品和技术的开发人员提供的技术资源库)后,才能使用帮助。图 1.12 为帮助菜单和菜单命令对应的功能。

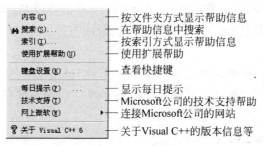

图 1.12　帮助菜单

**4. VC++ 6.0 的工具栏**

VC++ 6.0 中大部分的菜单命令都有对应的工具栏按钮,这些按钮按作用组织成一些小的工具栏,可以分别设置为显示或不显示方式,并且可以被拖放工具栏的某一位置。常用的 3 个工具栏是:标准工具栏、向导条工具栏和编译微型条工具栏,如图 1.13 所示。

图 1.13　工具栏

当鼠标停留在工具栏上,单击鼠标右键,将会出现如图 1.14 所示的快捷菜单,在选项前打勾,则对应的工具栏出现在屏幕上,若去掉选项前的勾号,则对应的工具栏从屏幕上消失。

**5. VC++ 6.0 的窗口区**

(1) 工作区窗口。通过该窗口对项目进行管理,工作区窗口包含两个页面:ClassView 页和 FileView 页。

ClassView 页用于显示和浏览项目的总体信息,展开页面中的"+",可以看到项目内所有的类及其成员、所有全局函数及其全局变量等信息。

FileView 页用来分类显示项目内的所有文件的信息,在页面中双击文件名,则会在编辑窗口显示相应文件的内容。

(2) 编辑窗口。该窗口是源代码和资源文件的显示、编辑的地方,可以同时显示多个子窗口以同时编辑多个文件,窗口菜单中的命令可以用于这些子窗口的排列、切换等工作。

图 1.14　工具栏的
快捷菜单

(3) 输出窗口。该窗口主要用于显示编辑、连接信息和错误信息等。在窗口中双击错误提示行,可快速将光标定位在错误行上。

图 1.15 中工作区窗口目前是 FileView 页面,在该页面中双击"hello.cpp",于是在编辑窗口显示了"hello.cpp"的内容,输出窗口显示了对"hello.cpp"进行编译、连接后的信息,最后一行的"hello.exe-0 error(s),0 warning(s)",表示"hello.exe"文件没有错误。

## 1.2.2　创建一个 C 源程序

由于 VC++ 6.0 是将一个程序作为一个项目来进行管理,除了".cpp"源程序文件外,在程序编译、连接的过程中还会产生一些其他的文件,与程序有关的所有文件都应该存放在一个文件夹里。

通常情况下,我们会在硬盘上创建一个工作文件夹,用来存放自己编写的 C 程序。例如,在 D 盘上建立文件夹"D:\VC 程序",以后创建的 C 程序都保存在该文件夹下。创建一个 C 源程序有多种方法,以下介绍两种方法。

**1. 创建一个控制台应用程序**

所谓"控制台应用程序"是指那些需要与传统 DOS 系统保持程序的某种兼容,同时又不

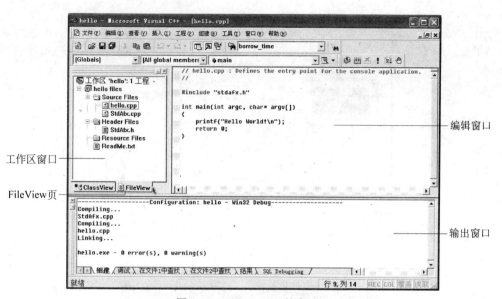

图 1.15   VC++ 6.0 的窗口

需要为用户提供完善界面的程序。简单地讲,就是指在 Windows 环境下运行的 DOS 程序,它没有 Windows 图形接口,使用标准的命令窗口。

Visual C++ 6.0 中用 AppWizard 创建一个控制台应用程序步骤如下:

(1) 选择"文件"→"新建"菜单命令,将显示"新建"对话框,在对话框的"工程"标签页中选择"Win32 Console Application",单击"位置"右侧的按钮,选择文件夹"D:\VC 程序",然后在右侧上方的"工程名称"编辑框中输入程序名称"hello",见图 1.16。

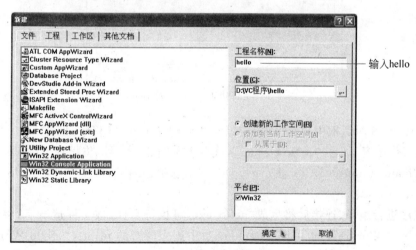

图 1.16   "新建"对话框

(2) 在"新建"对话框中按"确定"按钮,将出现 Win32 Console Application 对话框,见图 1.17。

(3) 在图 1.17 对话框中选择第 3 项"一个'Hello World!'程序",单击"完成"按钮,系统将显示"新建工程信息"对话框,见图 1.18。

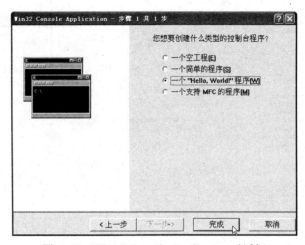

图 1.17　Win32 Console Application 对话框

图 1.18　"新建工程信息"对话框

　　(4) 在图 1.18 对话框中单击"确定"按钮,将创建一个 hello 程序,见图 1.19。

　　(5) 在工作区窗口双击"hello classes",或单击左侧的"＋"号,将出现"Globals",再双击它,将出现"main(int agrgc, char ＊ argv[])",双击它则在编辑窗口将出现"hello. cpp"的源代码,见图 1.20。

　　这个程序进行编译、连接后将生成"hello. exe"可执行文件,该文件运行后,将在屏幕上输出信息"Hello World!"。也可以在 main 函数中删去原有的 printf("Hello World!\n"),输入自己编写的程序代码。

　　另外,在上述第 3 步操作中,还可以选择第 2 项"一个简单的程序",单击"完成"按钮,系统也会显示如图 1.18 所示的"新建工程信息"对话框,在此对话框中单击"确定"按钮,将自动创建一个程序。这种方式创建的程序与图 1.20 所示的程序类似,只是 main 函数中没有printf 函数调用语句。

图 1.19　hello 应用程序界面(1)

图 1.20　hello 应用程序界面(2)

**2. 新建一个文本文件**

（1）单击标准工具栏最左侧的新建文本文件按钮"▣"，打开一个新的文档窗口，在该窗口内输入自己编写的 C 程序代码，见图 1.21。

（2）输入完代码后，必须将程序保存下来，单击标准工具栏的保存按钮"▣"，此时将弹出一个"保存为"文件对话框，见图 1.22。

（3）在"保存为"对话框中单击"▼"按钮，会弹出下拉菜单，见图 1.23。

在下拉菜单中选择"本地磁盘(D:)"，会出现图 1.24(a)所示的界面，再选中"VC 程序"文件夹，然后按"打开"按钮，则会出现图 1.24(b)所示的界面，再单击"创建新文件夹"按钮，则在"D:\VC 程序"文件夹下新建一个文件夹，然后输入"program1"，如图 1.24(c)所示，然后双击打开该文件夹，在下方的编辑框中输入程序名，如"ex1.cpp"（或"ex1.c"，也可以起别

图 1.21　新建文本文档 Text1

图 1.22　"保存为"对话框

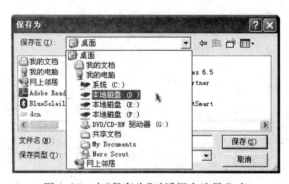

图 1.23　在"保存为"对话框中选择 D 盘

的名字,但文件名的后缀必须是".cpp"或".c"),见图 1.24(d),最后按"保存"按钮,将输入的程序保存下来了。

（4）程序被保存后,标题栏中的文件名由"Text1 *"变为"ex1.cpp",而在最下面的状态栏会显示信息"D:\VC 程序\program1\ex1.cpp 已保存",见图 1.25,然后可以对程序进行

图 1.24　保存文件的过程

编译、连接，最后生成"ex1.exe"可执行文件。

文件名

显示信息

图 1.25　程序保存后的界面

### 3. 打开已有的源程序文件

打开已经保存在磁盘上的源程序文件（如 D:\VC 程序\program1\ex1.cpp），有两种方法：

（1）按源程序文件的存放位置找到已有文件名"ex1.cpp"，即：我的电脑→D 盘→VC 程序→program1→ex1.cpp，然后双击文件名"ex1.cpp"，则会自动进入 VC++ 的集成环境，并打开该文件。

（2）先进入 VC++ 的集成环境，然后选择菜单"文件"→"打开"，或直接单击工具栏中打开按钮""，则会出现打开对话框，再从中选择要打开的文件。

另外，如果要打开的文件是不久前打开过的，可以选择菜单"文件"→"最近文件"，会出现最近用过的源文件列表，从中选择要打开的文件即可。

### 1.2.3 C 源程序的编译、连接和运行

一个 C 源程序必须经过编译、连接，生成".exe"可执行文件后才能运行。现以图 1.20 所示的 hello 程序为例说明程序的编译、连接、运行过程：首先单击编译工具条上的组建按钮""，这时会弹出一个对话框，询问用户是否要创建一个默认的工作区，见图 1.26，单击"是"按钮后，系统会对 hello 程序进行编译、连接，并在输出窗口显示编译的内容，见图 1.27。

图 1.26　创建默认工作区选项

图 1.27　程序编译、连接后的界面

当出现信息 hello.exe-0 error(s)，0 warning(s)，表示 hello.exe 已经正确生成了，可以运行该程序。单击编译工具条上的"！"按钮，执行程序，运行结果将显示在控制台窗口中，见图 1.28。

在控制台窗口中的第 2 行文字"Press any key to continue"是系统自动加上的，表示 hello 程序运行后，按任意键返回到 VC++ 的开发环境。

如果程序编译时出现错误，将在输出窗口显示错误信息。例如，输出函数 printf 少写了

图 1.28 hello 程序运行结果

一个字母 f,编译就会出错,见图 1.29。

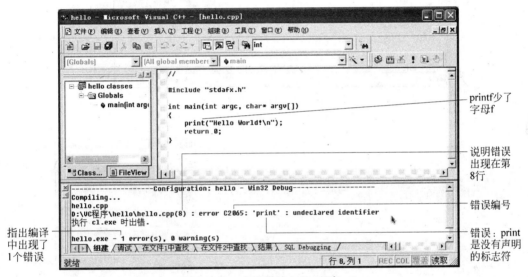

图 1.29 有错误的 hello 程序

根据输出窗口提示的错误信息,对程序进行修改,然后再按"▦"按钮,若不再有错误,则运行程序,否则应继续修改错误。

## 1.2.4 C程序的单步调试命令

源程序通过编译连接,没有错误,但运行结果却与设想的不同,这说明程序还存在着逻辑错误,如何修改逻辑错误呢? 唯一的手段就是对程序进行单步调试,从而确定问题出现在什么地方。

启动调试有两种方法,一是在"组建"菜单中选择"开始调试"命令,二是直接按 F10 键(最简单的方法)。启动调试后将出现图 1.30 所示的界面和控制台窗口(出现后会自动最小化)。

在源代码中出现跟踪箭头表示 Debugger 正在运行,需要注意的是,跟踪箭头并不跳过变量声明部分,而箭头所指向的语句是下一次将要执行的代码行。

### 1. 调试工具栏

调试工具栏(见图 1.31)第 1 行的按钮是一些调试命令按钮,这些调试命令也可以在调试菜单中找到,见图 1.32。

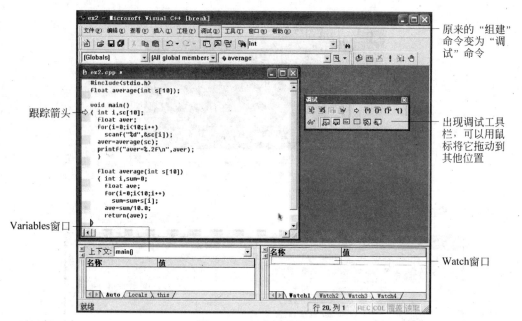

图 1.30　程序调试界面

图 1.31　"调试"工具栏

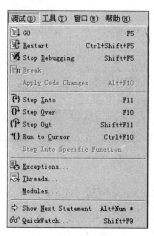

图 1.32　"调试"菜单

下面分别介绍这些调试命令。

"▣"按钮：GO 命令，执行程序直到遇到断点或程序结束。

"▣"按钮：Restart 命令，重新从程序开始处进行调试。

"▣"按钮：Stop Debugging 命令，停止调试。

"▣"按钮：Break Execution 命令，在当前点上挂起程序的执行。

"▣"按钮：Apply Code Changes 命令，在程序调试时修改源代码。

"▣"按钮：Step Into 命令，进入函数内部单步执行。

"▣"按钮：Step Over 命令，单步执行下一条语句(不进入函数)。

"▣"按钮：Step Out 命令，跳出当前函数。

"{)"按钮：Run to Cursor 命令，执行到光标所在的代码行。

**2. Step Over 命令与 Step Into 命令**

在没有遇到函数调用语句时，Step Over 命令（F10）与 Step Into 命令（F11）完成的功能是相同的，当遇到函数调用时，Step Over 命令将会全速执行完被调用的函数，跟踪箭头指向下一行代码；而 Step Into 命令则会进入到被调用的函数内部，跟踪箭头指向函数内的代码行，这样我们可以单步调试函数内的语句。

Step Over 和 Step Into 命令的区别：调试程序到图 1.33 所示的状态，此时跟踪箭头指向"aver＝average(sc);"，其中 average(sc)是函数调用，这时执行 Step Over 命令（即按 F10键），将出现图 1.34 所示的状态，跟踪箭头指向下一条输出语句。

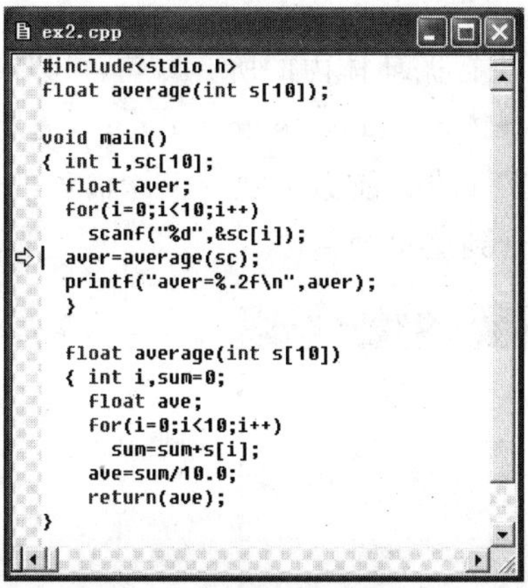

图 1.33　遇到函数调用语句

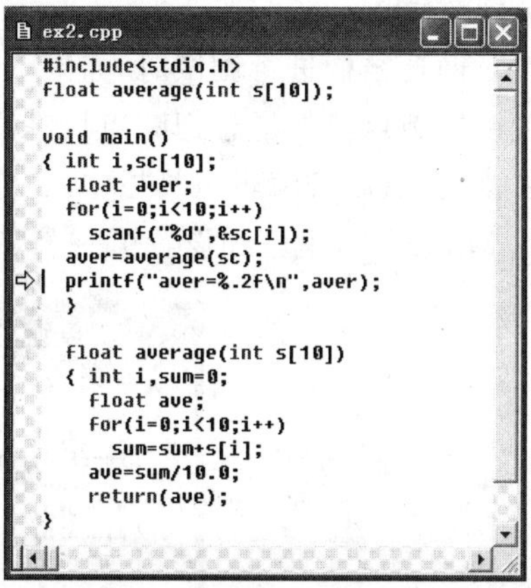

图 1.34　执行 Step Over 命令

在图 1.33 所示的状态下，如果执行 Step Into 命令（即按 F11 键），会出现如图 1.35 所示的情况，跟踪箭头指向了 average 函数的开始处，这时继续按 F11 键（按 F10 键也行），跟踪箭头会指向"for 循环;"语句，下面可以继续进行单步调试（按 F10 键、F11 键均可），执行到最后，跟踪箭头指向 average 函数末尾的"}"，见图 1.36，此时再按一下 F11 键，跟踪箭头将重新指向 main 函数中的"aver＝average(sc);"，即图 1.33 的状态，再按一下 F11 键，跟踪箭头指向下一条输出语句，即出现图 1.34 的状态。

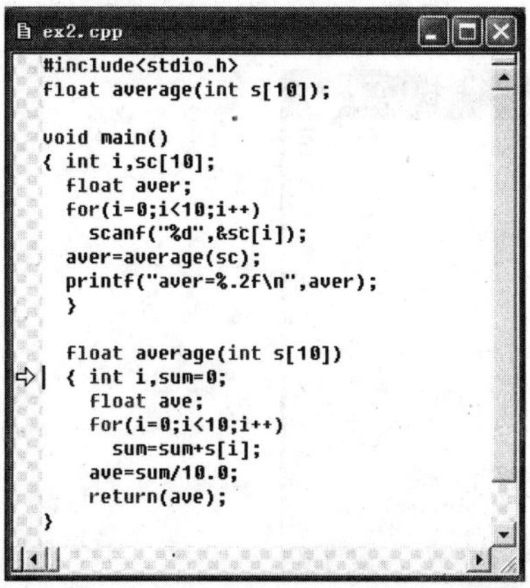

图 1.35　执行 Step Into 命令

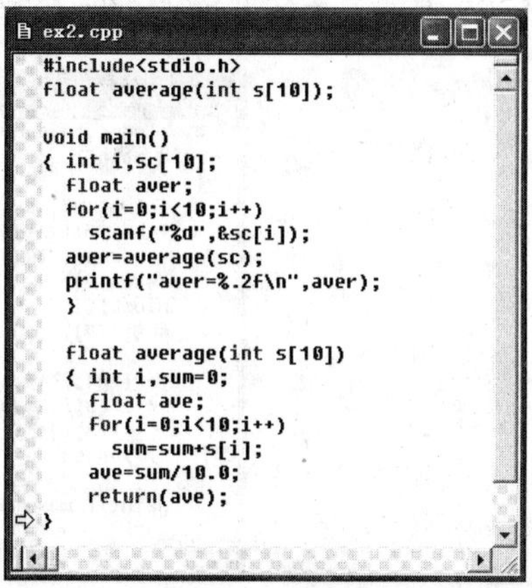

图 1.36　average 函数即将结束

说明：

① C语言中进行输入、输出其实都是调用输入、输出函数，所以在遇到 scanf 或 printf 时不要按 F11 键，应按 F10 键，即遇到系统定义的标准函数时按 F10 键。

② 按 F11 键进入函数内部后，如果想跳出函数的话，可使用 Step Out 命令(同时按 Shift＋F11 键)，这样可以全速执行完函数，回到原来的调用语句位置。

③ 在调试程序时，如果只使用单步执行(F10)，有时会非常麻烦。例如，有一个程序有 30 行代码，确定前 20 行代码是正确，我们希望从第 21 行开始单步调试，而不是从第 1 行就开始单步执行；此时可以使用 Run to Cursor 命令(同时按 Ctrl＋F10 键)，执行程序到光标所在的代码行，这样可以加快调试的速度。

### 3. 设置断点

在对循环结构进行调试时，如果不想一步一步地执行循环体内的所有语句，可以在适当的位置设置断点。如果想把断点设在循环中的第 3 条语句"sum＝sum＋a[i]；"，先将光标定位在该行，然后按编辑工具栏中的"🖐"按钮，则在该行的最前面出现一个深褐色的圆点，见图 1.37，表明这里已经设置了一个"断点"，程序运行到这里会暂停。

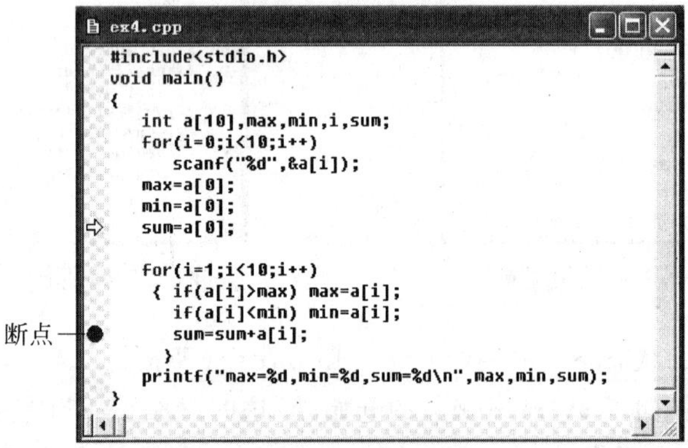

图 1.37　设置断点

然后按"▣↓"按钮或按 F5 键(即执行 Go 命令)，程序将执行到断点所在的代码行，跟踪箭头也指向该行(见图 1.38)。继续按 F5 键则程序继续执行，而且仍然会在断点处暂停，每按一次 F5 键就是执行一次 for 循环，当 i＝9 时为最后一次循环，见图 1.39，这时如果再按

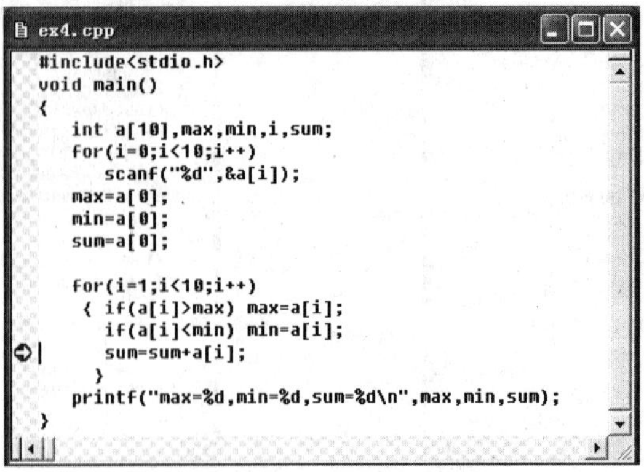

图 1.38　程序执行到断点处暂停

F5 键,程序将全部执行完并退出调试状态。

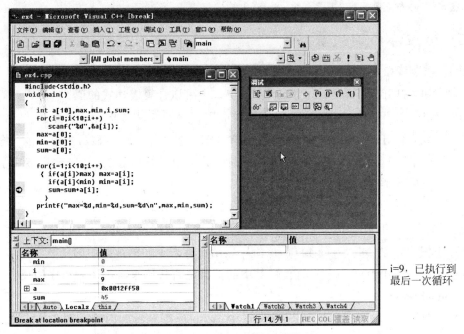

图 1.39  最后一次循环的情况

如果还想继续调试循环后面的语句就不能按 F5 键,应该按 F10 键进行单步调试。或者在后面某个位置设置第 2 个断点,见图 1.40,然后再按 F5 键,这样才能保证还处于调试状态中。

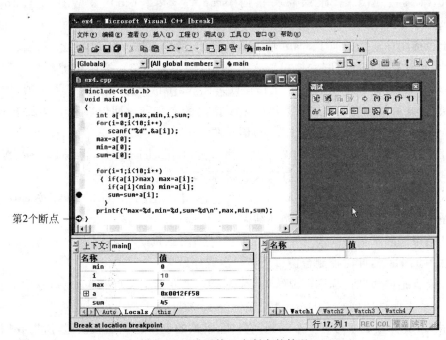

图 1.40  设置第 2 个断点的情况

注意：在调试过程中可以随时设置断点，也可以随时取消断点。取消断点时将光标定位于断点所在的行，然后按"🖑"按钮，褐色圆点标记就会消失了。

## 1.2.5 C程序的调试窗口

调试工具栏第2行的按钮是用来控制打开对应的调试窗口的：

"👓"按钮：打开 QuickWatch 窗口，在该窗口中可以计算表达式的值。

"🔲"按钮：打开 Watch 窗口，该窗口查看应用程序的变量名及其当前值。

"🖥"按钮：打开 Variables 窗口，该窗口有3个标签，Auto 标签显示当前和前一条语句中所使用的变量和返回值，Local 标签显示当前函数中的所有局部变量，This 标签显示 This 指针所指向对象的类型、名字及值。

"🔳"按钮：打开 Registers 窗口，该窗口显示 CPU 状态寄存器的内容。

"▤"按钮：打开 Memory 窗口，该窗口显示该应用程序所占的内存内容。

"🔲"按钮：打开 Call Stack 窗口，该窗口显示所有未返回的被调用的函数名。

"🔲"按钮：打开 Disassembly 窗口，其中的汇编语言代码来自编译后程序的反汇编。

**1. Variables 窗口**

以下是单步调试程序时，Variables 窗口中 Auto 标签显示的内容。图 1.41(a)是最初调试状态，跟踪箭头指向 main 函数的"{"，此时 Variables 窗口中是空白的。再按 F10 键，跟踪箭头指向"sum=0.0;"，这时 Variables 窗口中列出了所有变量名及其值(见图 1.41(b))，但这些变量值都是随机数。

继续按 F10 键，跟踪箭头指向"i=1;"，见图 1.41(c)，注意图中 sum 的值显示为红色的 0.000000，继续按 F10 键，跟踪箭头指向"scanf("%d",&n);"，见图 1.41(d)，这时 Variables 窗口只显示了两个变量 i 和 &n。

由于目前跟踪箭头指向了 scanf 输入函数语句，所以再按 F10 键，会发现跟踪箭头没有向下移动，此时需要转到控制台窗口输入 n 的值(假设输入 3)，按回车键后将回到调试窗口，且跟踪箭头指向 while 语句，见图 1.41(e)，而 Variables 窗口显示了 4 个值，这是因为 Auto 标签会显示包含当前和前一条语句中所使用的变量和返回值，i 和 n 是属于 while 语句的，&n 和 scanf returned 是属于 scanf 语句的。

继续按 F10 键，跟踪箭头指向循环内的输入语句，见图 1.41(f)，再按 F10 键，跟踪箭头不动，说明此时又需要到控制台窗口输入数据(假设输入数据为 85)。

输入数据 85 后的情况见图 1.41(g)，再按 F10 键，见图 1.41(h)。继续按 F10 键，将重复执行循环体内的 3 条语句，直到循环结束。

循环结束后跟踪箭头指向"ave=sum/n;"，见图 1.41(i)，再按两次 F10 键，跟踪箭头指向"}"，见图 1.41(j)，此时控制台窗口会显示出程序结果。

跟踪箭头指向"}"时，程序就要结束了，按 F10 键并不会立即结束，所以这时我们按 F5 键，会马上结束调试回到原来的编辑状态。

使用 Auto 标签观察时有一个问题，它自动跟踪的变量范围比较狭窄，所以我们有时使用 Local 标签来观察当前函数的所有变量(见图 1.42(a)至(d))。

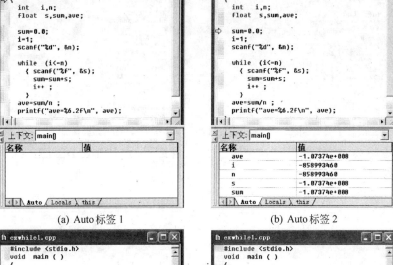

(a) Auto 标签 1      (b) Auto 标签 2

(c) Auto 标签 3      (d) Auto 标签 4

(e) Auto 标签 5      (f) Auto 标签 6

图 1.41　Auto 标签

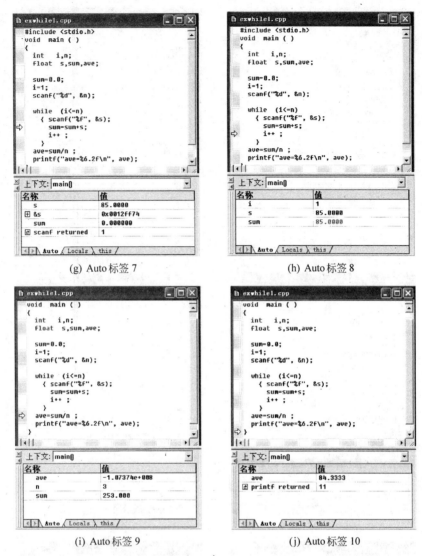

(g) Auto 标签 7　　　　　　　　　　(h) Auto 标签 8

(i) Auto 标签 9　　　　　　　　　　(j) Auto 标签 10

图 1.41　（续）

## 2．Watch 窗口和 QuickWatch 窗口

### Watch 窗口的使用

通过前面的学习，我们已经学会在调试程序的过程中使用 Variables 窗口来观察变量，由于 Variables 窗口中的变量是动态变化的，而有时我们需要在程序运行期间一直观察某些特定的变量，这就需要使用 Watch 窗口。

Watch 窗口有 4 个标签：Watch1 至 Watch4，这样有利于把要观察的变量分组放到不同的标签中。在 Watch 窗口中添加一个变量的方法如下：在程序代码中拷贝一个变量名，然后将其复制到 Watch 窗口中的"名称"列中；或者在"名称列"中直接输入想要观察的变量名，见图 1.43。

Watch 窗口还可以按不同的数据类型显示变量的值，如图 1.44 中，第 1 行按八进制显示变量 a，第 2 行是按十六进制显示 a，第 3 行是按十进制显示 a。

(a) Local 标签 1　　　　　　　　　　(b) Local 标签 2

(c) Local 标签 3　　　　　　　　　　(d) Local 标签 4

图 1.42　Local 标签

图 1.43　Watch 窗口　　　　　　　图 1.44　以不同的数据类型显示变量

　　以不同数据类型显示变量的值,方法很简单,在变量名后加上数据类型对应的格式字符即可,见表 1.1,变量名与格式字符之间用逗号分隔。

**QuickWatch 窗口的使用**

使用 QuickWatch 可以快速检查变量和参数的值,也可以通过 QuickWatch 将变量添加

**表 1.1　格式字符**

| 格 式 字 符 | 含　义 |
| --- | --- |
| d | 输出带符号的十进制整数 |
| u | 输出无符号十进制整数 |
| x | 输出无符号十六进制整数(输出前导符 0x) |
| o | 输出无符号八进制整数(输出前导符 0) |
| f | 输出十进制实数(隐含输出 6 位小数) |
| e | 以指数形式输出实数(隐含输出 6 位小数) |
| g | 自动选用 f 或 e 格式中输出宽度较短的一种格式输出实数,不输出无意义的 0 |
| c | 输出单个字符 |
| s | 输出字符串 |

到 Watch 窗口中。打开 QuickWatch 窗口的方法:在调试状态下单击调试工具栏中的"66"图标,或在菜单栏中选择"调试",再选择其下拉菜单的最后一个命令"QuickWatch",都可以打开 QuickWatch 窗口,见图 1.45。

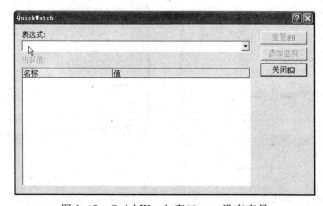

图 1.45　QuickWatch 窗口——没有变量

在"表达式"文本框中输入或粘贴一个变量名,然后按"重置"按钮,将会在"当前值"文本框显示该变量的名称和当前值,见图 1.46;如果按"添加监视"按钮,会将该变量添加到 Watch 窗口中。

**快速观察变量的方法**

在程序调试状态下,将"Ⅰ"形状的鼠标指针悬浮于源代码的某个变量上,就会出现变量的当前值,见图 1.47。

**3. Call Stack 窗口**

打开 Call Stack 窗口的方法很简单,在调试对话框中单击"圈"按钮即可。Call Stack 窗口用来显示所有未返回的被调用的函数名,如图 1.48 所示,当前程序在 main 函数中运行,Call Stack 窗口的第一行显示了"main() line 5",同时还有一个黄色的箭头指向它。

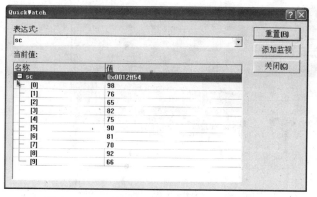

图 1.46　QuickWatch 窗口——输入变量名

图 1.47　用鼠标快速观察变量

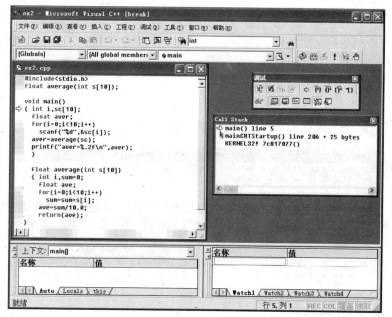

图 1.48　Call Stack 窗口(1)

当程序执行到"aver＝average(sc);"时,按 F11 键进入函数内部,跟踪箭头指向 average 函数中第一行"{int i, sum＝0;",此时 Call Stack 窗口中的显示内容发生了变化,见图 1.49。

Call Stack 窗口中第 1、2 行的信息如下:

```
average(int * 0x0012ff54) line 14
main() line 9+9 bytes
```

它们的格式是:先是函数的名字,然后是参数的类型和当前值,后面列出调用语句所在的行号和字节偏移量。注意,行号和字节偏移量这两个值是变化的。窗口中最后两行的信息目前是基本一样的,暂时可以不管它。

另外,注意 Call Stack 窗口中的黄色箭头始终指向当前正在执行的函数。当 average 函

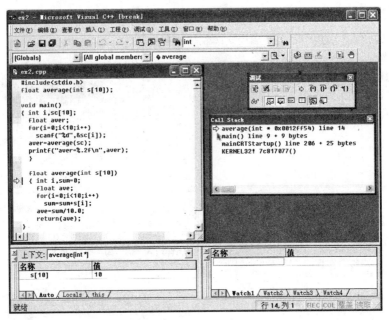

图 1.49　Call Stack 窗口（2）

数调用结束后，Call Stack 窗口中不再显示该函数的信息，见图 1.50。

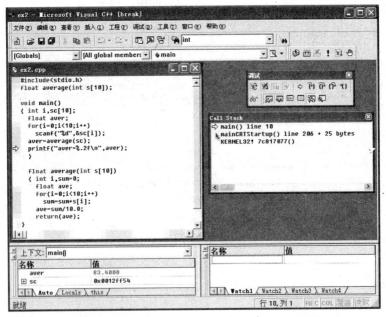

图 1.50　Call Stack 窗口（3）

Call Stack 窗口对于调试递归函数很有帮助，我们可以通过 Call Stack 窗口清楚地看到当前递归调用的层次，以及本次递归调用中局部变量的值。

下面以求阶乘的递归函数为例，注意观察 Call Stack 窗口和 Variables 窗口中的信息。图 1.51 是还没调用 fac 函数时的状态，在 Variables 窗口看到 m 值为 4，Call Stack 窗口中的黄色箭头指向当前正在执行的 main 函数。

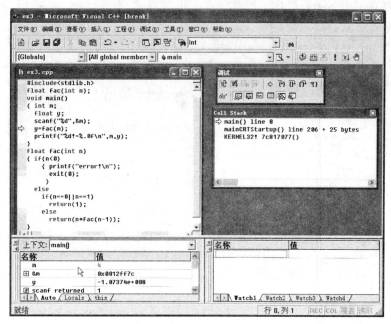

图 1.51    main 函数没调用 fac 函数

图 1.52 显示的是第 1 次调用 fac 函数的情况,因 main 函数中 m 为 4,调用 fac(m)即是调用 fac(4),在 Variables 窗口中可以看到参数 n 的值为 4,在 Call Stack 窗口中的黄色箭头指向 fac(int 4)。

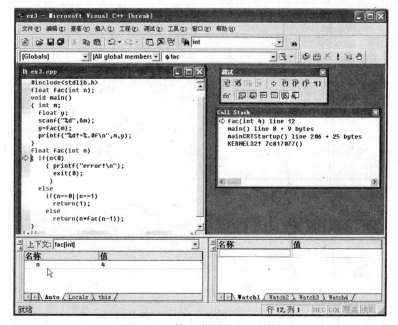

图 1.52    第 1 次调用 fac 函数

图 1.53 显示的第 4 次递归调用,此时 n 为 1,满足递归的结束条件,此时跟踪箭头指向 "return(1);",在 Call Stack 窗口中的黄色箭头指向 fac(int 1)。

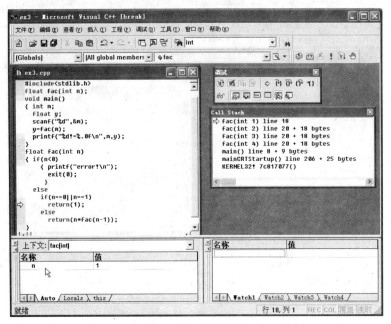

图 1.53　第 4 次递归调用

在图 1.53 所示状态下,继续按 F10 键,程序将返回到上一层的递归调用,图 1.54 显示的就是从第 4 次递归调用返回到第 3 次递归调用,在 Variables 窗口中可以看到 n 的值为 2,函数 fac 的返回值为 1.00000;在 Call Stack 窗口中已经没有"fac(int 1) line 18"这一行信

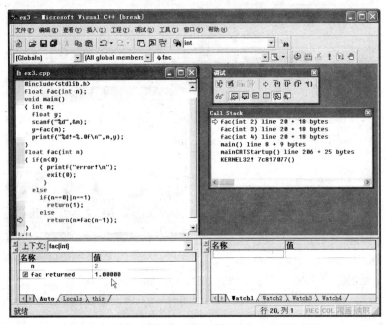

图 1.54　从第 4 次递归调用返回到第 3 次递归调用

息了,此时黄色箭头指向 fac(int 2)。

在图 1.54 所示状态下,继续按 F10 键,将依次返回到上一层的递归调用,图 1.55 显示的是程序返回到第 1 次递归调用,在 Variables 窗口中看到 n 的值为 4,函数 fac 的返回值为 6.00000;在 Call Stack 窗口中的黄色箭头指向 fac(int 4)。

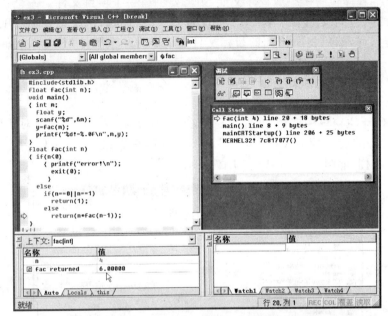

图 1.55　程序返回到第 1 次递归调用

在图 1.55 所示状态下,继续按 F10 键,程序将返回 main 函数(见图 1.56),在 Variables 窗口中看到 n 的值为 4,y 的值为 24.0000;在 Call Stack 窗口中的黄色箭头指向 main 函数。

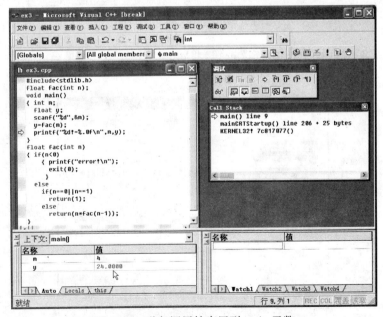

图 1.56　递归调用结束回到 main 函数

在递归调用过程中 Call Stack 窗口中的内容随着函数的调用、返回不断发生着变化,大家在自己调试递归程序时请仔细观察。

## 1.2.6 创建一个项目文件(工程)

如果一个 C 程序包含多个源程序文件,则需要创建一个项目文件。一个项目文件中可以包含多个文件(包括.cpp 源文件和.h 头文件)。在编译时,系统会分别对项目文件中的每个文件进行编译,然后将所得到的目标文件连接成为一个整体,再与系统的有关资源连接,最后生成一个可执行文件。

下面介绍创建一个项目文件的步骤。

**1. 创建一个项目文件**

(1) 在 VC++ 主窗口中选择"文件"→"新建"菜单命令,将显示"新建"对话框,在对话框的"工程"标签页中选择"Win32 Console Application",在右侧"工程名称"下方的编辑框中输入项目文件名称,如图 1.57 中输入的是"project1"。

图 1.57 新建工程 project1

(2) 在"新建"对话框中按"确定"按钮,将出现 Win32 Console Application 对话框,见图 1.58。

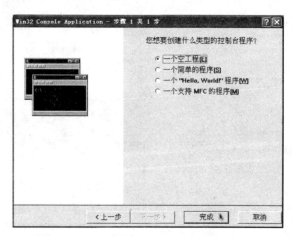

图 1.58 Win32 Console Application 对话框

（3）在图 1.58 所示的对话框中选择第 1 项"一个空工程"，单击"完成"按钮，系统将显示"新建工程信息"对话框，见图 1.59。

图 1.59　"新建工程信息"对话框

（4）在"新建工程信息"对话框中单击"确定"按钮，将自动创建一个 project1 工程，见图 1.60。

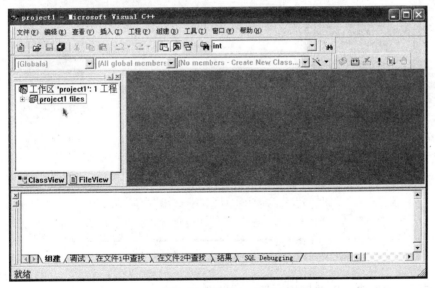

图 1.60　创建 project1

### 2. 在创建的 project1 项目文件中添加源程序文件

（1）选择"文件"→"新建"菜单命令，将显示"新建"对话框，在"文件"标签页中选择"C++ Source File"，在右侧"文件名"下方的编辑框中输入源程序文件的名称，如图 1.61 中输入的是"file1.cpp"。

（2）在"新建"对话框中输入文件名后按"确定"按钮，在 VC++ 主窗口的编辑窗口会出

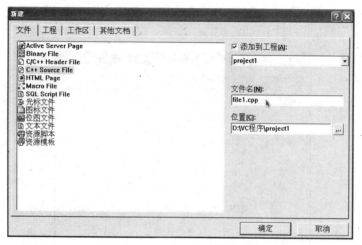

图 1.61　新建一个源程序文件

现一个标题为"file1.cpp ＊"的空白窗口,见图 1.62。然后可以在此窗口中添加程序代码,代码输入完成后记得要保存(保存后,标题中就没有"＊"号了),见图 1.63。

图 1.62　出现 file1.cpp 编辑窗口

　　(3) 按照上述方法可以继续添加源程序文件,例如,又添加了一个文件"file2.cpp",见图 1.64。

　　如果该项目文件只由"file1.cpp"和"file2.cpp"这两个源程序文件组成,下面就可以对项目文件进行编译、连接了,在单击"🛠"按钮后,将出现如图 1.65 所示的状态。如果没有错误,则可按"❗"按钮,运行程序。

　　如果打开一个已经存在的项目文件(如 D:\VC 程序\project1\project1.dsw),有两种方法:

图 1.63　在 file1.cpp 编辑窗口内输入代码

图 1.64　file2.cpp 编辑窗口

① 按项目文件的存放位置找到已有文件"project1.dsw"，即我的电脑→D 盘→VC 程序→project1→project1.dsw，然后双击文件名"project1.dsw"，则会自动进入 VC++ 的集成环境，并打开该项目文件。

② 先进入 VC++ 的集成环境，然后选择菜单"文件"→"打开工作空间"，或直接单击工具栏中打开按钮"☞"，则会出现打开对话框，再从中选择要打开的项目文件。

另外，如果要打开的项目文件是不久前打开过的，可选择菜单"文件"→"最近工作空

图 1.65　编译、连接 project1

间"，会出现最近用过的项目文件列表，从中选择要打开的文件即可。

# 1.3　实验　认识 Visual C++ 6.0 的开发环境

### 1. 实验目的与要求

（1）认识 Visual C++ 6.0 的开发环境。

（2）学习在 VC++ 6.0 中编辑、编译、连接和运行一个 C 语言程序。

（3）通过运行简单的 C 语言程序，初步了解 C 语言源程序的特点。

### 2. 实验题目

（1）熟悉 Visual C++ 6.0 的开发环境的使用。

（2）采用新建一个"Hello World!"程序的方法，创建一个 C 源程序文件，输入以下代码，然后编译、连接、运行程序，并查看结果，将程序中 3 个 printf 函数中最后的"\n"去掉后，再编译、连接、运行程序，看看结果如何。

```c
#include<stdio.h>
void main()
{
    printf("**********\n");
    printf("   Very good!\n");
    printf("**********\n");
}
```

（3）采用新建一个文本文件的方法，创建一个 C 源程序文件，输入以下代码，然后编译、连接、运行程序，并查看结果。

```
#include<stdio.h>
void main()
{
    int  x, y, z;
    x=1279;
    y=2548;
    z=x+y;
    printf("z=%d\n", z);
}
```

## 1.4　常见错误及解决方法

（1）采用"创建一个"hello world"程序"方式建立一个新的源程序文件时，将代码中的文件包含命令#include "stdafx.h"删除，导致程序编译出现以下错误：

fatal error C1010: unexpected end of file while looking for precompiled header directive

重大错误 C1010：寻找预编译头文件路径时遇到了不该遇到的文件尾。

解决方法：不要删除该文件包含命令，可以根据需要，添加其他的头文件；输入代码时只要将 main 函数中不需要的语句删除，再输入自己的代码即可。

（2）采用"建立一个文本文件"方式创建一个源程序后，在程序运行结束后，没有关闭该程序，而是又新建一个文本文件，输入第 2 个程序并保存，然后按组建按钮"囲"，再按运行按钮"！"，这时会发现系统运行的还是第 1 个程序。

解决方法：选择"文件"菜单中的"关闭工作空间"命令，先将第 1 个程序完全关闭，再创建第 2 个程序。

（3）采用"建立一个文本文件"方式新建一个源程序后，保存文件时没有建立一个文件夹，而是直接保存在桌面、我的文档或某个本地磁盘上，这虽然不是很严重的错误，但也不是一个良好的编程习惯，所以建议大家：一个 C 程序一定要存放在一个文件夹中。

# 第 2 章
## C 语言基础知识

## 2.1 学 习 要 点

（1）C 语言的特点，C 语言是一种结构化程序设计语言，它提供了丰富的运算符和数据类型，它允许直接访问地址，能进行位运算，能实现汇编语言的大部分功能，可以直接对硬件进行操作，C 语言生成的代码质量高，适应范围广，C 语言程序本身不依赖于机器硬件系统，适合于多种操作系统。

（2）C 程序的编写风格：①严格采用阶梯层次组织程序代码；②对复杂的条件判断，应尽量使用括号；③变量的定义，尽量位于函数的开始位置；④采用规范的格式定义、设计各种函数；⑤尽量不要用 goto 语句；⑥尽量减少全局变量的使用。

（3）C 程序的编译、链接过程是：C 源程序（＊.c）→预编译处理（＊.c）→编译、优化程序（＊.s、＊.asm）→汇编程序（＊.obj、＊.o、＊.a）→链接程序（＊.lib、＊.exe、＊.elf、＊.axf）。

（4）C 程序的编译预处理，为了优化代码，提高目标代码和可执行代码的效率及适应性，在编译过程的初期，首先对预处理命令和特殊符号进行处理，然后再进行程序语句的编译。预处理命令主要包括：宏定义、文件包含和条件编译。

（5）C 程序的编译优化，源程序在经过编译之后，还需要一个优化环节，优化一般分为两类，第一类是对中间代码的优化，这种优化不依赖于具体的计算机；另一类则主要是针对目标代码的生成进行优化。

（6）C 程序的汇编，对于被编译系统处理过的每一个 C 语言源程序，都要经过汇编过程才能得到相应的目标文件，目标文件中存放的也就是与源程序对应的机器语言代码。这个过程可以是隐含的，特别是在集成开发环境中，一般不产生汇编代码而是直接产生目标代码。

（7）C 程序的链接，链接程序的主要工作就是将有关的目标文件彼此相连接，使得所有的这些目标文件成为一个能够被操作系统装入执行的统一整体。根据开发人员指定的同库函数链接方式的不同，链接处理可分为两种：

静态链接：函数的代码将从其所在的静态链接库中被拷贝到最终的可执行程序中。静态链接库实际上是一个目标文件的集合，其中的每个文件含有库中的一个或者一组相关函数的代码。库中所有的函数均在相应的头文件（＊.h）中定义并在源程序中引用。

动态链接：动态链接函数的代码不被放到可执行程序中，而是位于被称为"动态链接库"的某个目标文件（＊. dll）中。链接程序此时所作的只是在最终的可执行程序中记录下共享对象的名字以及其他少量的登记信息。在可执行文件被执行时，相应动态链接库的内容将被装载到特定的虚拟地址空间，由动态链接程序根据可执行程序中记录的信息找到该空间中相应的函数代码。

（8）C 语言字符集由字母、数字、空白、标点和特殊字符组成。

（9）C 语言中的标识符就是常量、变量、类型、语句、标号及函数的名称。C 语言中标识符有三类，关键字、预定义标识符和用户定义标识符。用户定义标识符只能由字母、数字和下划线三种字符组成，且第一个字符必须为字母或下划线。

（10）C 语言的表达式是由常量、变量、函数等通过运算符连接起来而形成的一个有意义的算式。计算表达式时，根据表达式中各个运算符的优先级和结合性，按照优先级从高到低进行运算，对优先级相同的运算符则按照该运算符的结合方向按从左向右或从右向左的顺序计算。

（11）C 语言运算符分为以下几类：①算术运算符：＋、－、＊、/、％；②关系运算符：＞、＜、＝＝、＞＝、＜＝、!＝；③逻辑运算符：!、&&、||；④位运算符：＜＜、＞＞、～、|、^、&；⑤赋值运算符：＝、扩展赋值运算符；⑥条件运算符：? :；⑦逗号运算符：，；⑧指针运算符：＊、&；⑨求字节运算符：sizeof；⑩分量运算符：.、－＞；⑪下标运算符：[ ]；⑫强制类型转换运算符：（类型）；⑬其他：如函数调用运算符（）。

（12）C 语言的数据类型分为：基本数据类型、构造数据类型、指针类型和空类型 4 大类。其中基本数据类型又分为：整型、实型、字符型和枚举类型。

（13）C 语言程序的基本组成和形式如下：

```
预处理命令
全局变量的定义
函数声明
主函数 main()
{
    声明部分
    执行部分
}
其他函数定义
{
    声明部分
    执行部分
}
```

（14）C 语言程序的执行过程：编辑源程序文件（即输入程序代码）、编译源程序，产生目标代码、连接目标代码和库函数，产生可执行程序、运行程序。

（15）C 语言的输入、输出都是由函数实现的。

格式化输入函数：

scanf(格式控制字符串,地址列表);

格式化输出函数:

printf(格式控制字符串,输出表列);

(16) 在 C 语言中,宏分为无参数和带参数两种。

无参数的宏定义的一般形式为:

#define  标识符  字符串

带参数的宏定义的一般形式为:

#define  宏名(形参表)  字符串

在编译预处理时,对程序中所有出现的"宏名",都用宏定义中的字符串去替换,这称为"宏展开",对于带参数的宏,在宏展开时,除了进行字符串替换,还要用实参去替换形参。

(17) 文件包含命令的功能是把指定的文件插入该命令行位置取代该命令行,从而把指定的文件和当前的源程序文件连成一个源文件。

文件包含命令的一般形式为:

#include<文件名>  或  #include "文件名"

文件包含允许嵌套,即在一个被包含的文件中又可以包含另一个文件,使用文件包含时,在被包含文件中绝对不能含有 main 函数。

(18) 条件编译是指对程序中的某一部分代码只在满足一定条件时才进行编译,条件编译的功能可以使用户可以按不同的条件去编译不同的程序部分,从而产生不同的目标代码文件。

(19) 位运算是指按二进制位进行的运算。C 语言提供了 6 种位操作运算符:~、&、|、∧、<<、>>。

① 按位取反运算"~":是单目运算符,运算对象在运算符的右边,其运算功能是把运算对象的内容按位取反。

② 按位与运算"&":两个运算对象的对应位都为 1,则该位的运算结果为 1,否则为 0。

③ 按位或运算"|":两个运算对象的对应位都为 0,则该位的运算结果为 0,否则为 1。

④ 按位异或运算"∧":两个运算对象对应位上的数相同,则该位的运算结果为 0;如果对应位上的数不相同,运算结果为 1。

⑤ 左移运算"<<":左边是运算对象,右边是整型表达式,表示左移的位数。左移时,低位(右端)补 0,高位(左端)移出部分舍弃。

⑥ 右移运算">>":右移时,低位(右端)移出的二进制位数舍弃。对于正整数和无符号整数,高位(左端)补 0。对于有符号的数,分两种情况:如果原来符号位为 0(即正数),则左端也是补 0;如果符号位原来为 1(即负数),若左端补 0,称为"逻辑右移",即简单右移。若左端补 1,称为"算术右移"。

# 2.2  实 验 内 容

## 2.2.1  实验 1  变量的使用与赋值运算

### 1. 实验目的与要求

(1) 掌握 C 语言的数据类型。

（2）掌握变量的定义与使用。

（3）掌握 C 语言的赋值运算和算术运算。

**2. 实验题目**

（1）阅读以下程序，先写出程序的运行结果，再上机验证。

```
#include<stdio.h>
void main()
{
    int   a, b;
    a=5/2;
    b=1/2;
    printf("a=%d, b=%d\n", a, b);
    printf("5/2.0=%f, 1.0/2=%f\n", 5/2.0, 1.0/2);
    a=5%2;
    b=2%5;
    printf("a=%d, b=%d\n", a, b);
    a=-5%2;
    b=5%-2;
    printf("a=%d, b=%d\n", a, b);
}
```

（2）输入以下程序，修改其中的错误直至程序可以正确运行。

```
#include<stdio.h>
void main
{
    float   r, area;
    scanf("%d", &r);
    aea=3.14159*r*r
    printf("area=%f\n", area);
}
```

（3）由键盘输入两个整数，分别计算这两个数的和、差、积、商，并输出结果。

（4）由键盘输入一个 10～99 之间的整数，将该数分解，分别输出其个位数字和十位数字。例如，输入 85，输出：5,8。

提示：用算术运算中的整除和取余运算实现。

## 2.2.2　实验 2　格式化输入输出函数的应用

**1. 实验目的与要求**

（1）掌握 C 语言的格式化输入输出函数。

（2）掌握整型、实型数据不同格式的输出和正确输入字符型数据。

**2. 实验题目**

（1）阅读以下程序，先写出程序的运行结果，再上机验证。

```
#include<stdio.h>
```

```
void main()
{
    float x, y;
    char c1, c2, c3;
    x=5/2.0;
    y=1.2+5/2;
    printf("x=%f, y=%6.2f\n", x, y);
    printf("x=%e, y=%E\n", x, y);
    c1='A';
    c2=c1+32;
    c3='0'+8;
    printf("c1=%3c, c2=%5c, c3=%-5c\n", c1, c2, c3);
    printf("c1=%4d, c2=%-4d, c3=%d\n", c1, c2, c3);
    printf("%s\n%8s\n%.3s\n%6.2s\n", "hello", "hello", "hello", "hello");
}
```

(2) 上机输入以下两个程序,然后分别按给定的 3 种方式输入数据,看看程序的输出结果,想想为什么会有这样的输出结果(注: □为空格,↙为回车)。

程序 1: 整型、实型数据的输入。

```
#include<stdio.h>
void main()
{
    int a, b;
    float x, y;
    scanf("a=%d, b=%d", &a, &b);
    scanf("%f %f", &x, &y);
    printf("a=%d, b=%d\n", a, b);
    printf("x=%f, y=%f\n", x, y);
}
```

| 输入方式 1: | 输入方式 2: | 输入方式 3: |
|---|---|---|
| a=24,b=18↙ | a=24, b=18↙ | 24 18 5.6 9.34↙ |
| 5.6□9.34↙ | 5.6,9.34↙ | |

程序 2: 字符型数据的输入。

```
#include<stdio.h>
void main()
{
    char c1,c2,c3,c4;
    scanf("%c%c", &c1, &c2);
    scanf("%c,%c", &c3, &c4);
    printf("c1=%c, c2=%c\n", c1, c2);
    printf("c3=%c, c4=%c\n", c3, c4);
}
```

| 输入方式 1: | 输入方式 2: | 输入方式 3: |
|---|---|---|
| H□K□M□N ↙ | H ↙<br><br>K,M,N ↙ | HKM,N ↙ |

（3）编程实现从键盘输入两个整数，分别计算出它们的商和余数，并输出，要求输出商时保留两位小数。

（4）编程输入一个字母，输出与之对应的 ASCII 码，要求输入、输出都要有相应的文字提示。

## 2.2.3　实验 3　宏定义、条件编译编程

**1. 实验目的与要求**

（1）掌握带参数的宏定义的编程。

（2）理解文件包含的意义。

（3）掌握条件编译的编程。

**2. 实验题目**

（1）阅读以下程序，先写出程序的运行结果，再上机验证。

```
#include<stdio.h>
#define f(x)    x%2
void main()
{
    int  s1=0, s2=0;
    s1=s1+f(1);
    s2=s2+f(2);
    printf("s1=%d\n", s1);
    printf("s2=%d\n", s2);
}
```

（2）用带参数的宏定义编程实现求 3 个数的最大数。

（3）用条件编译编程实现以下功能：输入一行字符，有两种输出方式：一是原文输出；一是密码输出，加密方法为将字母变为下一个字母（即'a'变'b'，…，'z'变'a'，大写字母也一样），其他字符不变。要求用 #define 命令来控制是否要译成密码。

## 2.2.4　实验 4　位运算编程

**1. 实验目的与要求**

（1）掌握六种位运算：～、&、|、∧、<<、>>。

（2）学会应用基本的位运算解决问题。

**2. 实验题目**

（1）阅读以下程序，先写出程序的运行结果，再上机验证。

```
#include<stdio.h>
void main()
{
```

```
int a, b, c, d, n1, n2, n;
a=0x0abf89de;
n1=5;  n2=8;
n=sizeof(int) * 8;              //VC++ 6.0 下 n=32
b=~0;
c1=~(b<<(n-n1+1));
printf("c1=%x\n",c1);
c2=(b<<(n-n2));
printf("c2=%x\n", c2);
c=c1&c2;
printf("c=%x\n", c);
d=a&c;
d=d>>(n-n2);
printf("d=%x\n", d);
}
```

（2）编写程序，对一个整数实现循环左移 n 位。

（3）编写程序，用字符型变量存放一个整数（0～255），对该整数的二进制形式取出它的奇数位（即从左边起的第 1、3、5、7 位）。

说明：字符型变量在内存中占 1 个字节（8 位），从左边其对位进行编号，分别为 0，1，2，…，7。

# 2.3  常见错误及解决方法

（1）关键字拼写错误，例如：将 include 写成 inclde 或 includ，void 写成 viod，float 写成 flaot 等。在 VC++ 环境下，关键字一般会显示成蓝色，若出现拼写错误，则错误的关键字会显示成黑色，编译时也会出现错误信息。

解决方法：根据颜色判断是否出错，输入代码时要认真仔细。

（2）定义标识符的时候使用非法的字符，如：空格、括号、各种其他符号。例如：f(a)、a-b、2x 都是非法的。

解决方法：牢记标识符的命名规则：以字母或下划线开头，字母、数字、下划线的序列。

另外，注意标识符中大小写字母的区别，特别是以下字母：c，k，o，p，s，u，v，w，x，z。

（3）应成对出现的符号不配对，如：{ }、[ ]、( )、' '、" "。

解决方法：每当写这些符号的时候就先写成一对，然后再在中间添加内容。

（4）混淆正、反斜杠。

例如：

```
x=5\2;                          //写错除号
printf("/n");                   //写错换行符
```

解决方法：注意，除号是用正斜杠'/'，注释也是用正斜杠，如 // 或 / *    * /；而转义字符都是以反斜杠'\'开头，换行符应为'\n'。

（5）直接使用没有定义的变量。

例如：

```
#include<stdio.h>
void main()
{
    int x, y;
    x=3;
    y=6;
    z=x * y;
    printf("z=%d", z);
}
```

编译时将出现以下错误：

```
error C2065: 'z' : undeclared identifier
```

错误 C2065：'z'是未声明的标识符

**解决方法**：所有的变量都必须遵循"先定义，后使用"的原则。

（6）直接使用未初始化或未赋值的变量。

例如：

```
#include<stdio.h>
void main()
{
    int x,y;
    y=x+10;
    printf("x=%d,y=%d\n", x,y);
}
```

以上程序编译时不会出现错误，但可能会出现以下警告：

```
warning C4700: local variable 'x' used without having been initialized
```

警告 C4700：局部变量'x'在使用前未进行初始化

由于变量 x 既未初始化，也未赋值，也没有输入一个数据，所以会出现下面这样的输出结果：x＝－858993460，y＝－858993450。变量 x 是随机数，这样计算 y＝x＋10；实际上是没意义的。

**解决方法**：在使用变量进行计算前，必须保证变量有确定的值。

（7）期望两个整数作算术运算得到浮点数的结果。

例如：

```
#include<stdio.h>
void main()
{
    float z;
    z=5/2;
```

```
        printf("z=%f\n", z);
    }
```

此时没有编译错误,但程序运行后,变量 z 的值是 2.0,而不是 2.5。

解决方法:将参加运算的一个运算量转换为浮点数。上例可改为:z=5/2.0;若程序中用的是变量,则可使用强制类型转换。

例如:

```
int x=5,y=2;
float z;
z=x/(float)y;
```

(8) 忽略了变量的类型,进行了不合法的运算。

例如:

```
void main()
{
    float a, b;
    printf("%d", a%b);
}
```

因为"%"是取余运算,只有整型变量才可以进行取余运算,而实型变量是不允许进行"取余"运算的,所以编译时会出现以下错误:

```
error C2296: '%' : illegal, left operand has type 'float'
error C2297: '%' : illegal, right operand has type 'float'
```

错误 C2296: '%' : 左操作数为'float'类型非法

错误 C2297: '%' : 右操作数为'float'类型非法

解决方法:进行运算时一定要注意变量的数据类型。

(9) 输入数据时,容易出现以下几种错误:

① 变量前忘记写地址符"&"。

例如:

```
scanf("%d%d", x, y);
```

虽然在编译时系统没有报告错误,但是在程序运行时会出错。

解决方法:输入数据时,变量前必须写地址符"&"。

② 从键盘输入数据时,输入的格式与 scanf 中格式字符串中的格式不一致。

例如:

```
scanf("%d, %d", &x, &y);
```

输入数据:

12□36↙                          (注:□为空格,↙为回车)

输入时,两个整数之间用空格分开,但是 scanf 格式字符串中的两个%d 是用逗号分开的,所以只有 x 能得到数据 12,而 y 还是随机数。

正确的输入方式是必须用逗号分开输入两个整数,即输入:

```
12,36↙
```

类似地,如果输入函数是:

```
scanf("x=%d, y=%d", &x, &y);
```

正确的输入方式是:

```
x=12,y=36↙
```

解决方法:输入数据的格式必须与 scanf 中格式字符串的格式保持完全一致。

③ 输入字符型数据时用空格、回车符来分隔两个字符数据,例如:

```
scanf("%c%c", &ch1, &ch2);
printf("ch1=%c,ch2=%c.\n",ch1,ch2);
```

输入数据:

```
A□B↙
```

输出结果:

```
ch1=A,ch2=  .    (实际上 ch2=后面是输出了一个空格)
```

因在格式字符串中两个%c 之间没有空格,那么在输入数据时两个字符'A'和'B'之间也不能有空格。如果格式字符串写成"%c  %c",则在输入时'A'和'B'之间可以加空格。若写成"%c,%c",则输入应为:A,B↙。

解决方法:输入字符型数据时要注意不能用空格、回车符等来分隔两个字符数据,因为它们本身也是合法的字符。

(10) 使用格式化输入、输出函数时,格式字符与变量的数据类型不匹配。

例如以下 4 个程序段:

①

```
int x=3;
printf("x=%f\n", x, x);          //输出 x 时,格式字符用'f'是错的
```

输出结果:

```
x=0.000000                       //输出结果不对
```

②

```
int x;
scanf("%f", &x);                 //输入 x 时,格式字符用'f'是错的
printf("x=%d\n", x);
```

输入数据:

```
3↙
```

输出结果:

x=1077936128                          //输出结果不对

③

```
float x=5.6;
printf("x=%d\n", x, x);               //输出 x 时,格式字符用'd'是错的
```

输出结果:

x=1610612736                          //输出结果不对

④

```
float x;
scanf("%d", &x);                      //输入 x 时,格式字符用'd'是错的
printf("x=%f\n", x);
```

输入数据:

5.6↙

输出结果:

x=0.000000                            //输出结果不对

**解决方法**:格式字符一定要与变量的数据类型相匹配。

**特别注意**:long int 型和 double 型数据输入、输出时应在对应的格式字符'd'或'f'前加字母'l'。

(11) 程序中在字符串和注释以外的地方使用全角字符,特别是全角的标点符号,如逗号、分号等与半角符号外观很像,不容易区分。

例如:

```
int a,b;
a=5;                                  //这里使用了全角分号
b=8;
```

编译时会出现以下错误:

```
error C2018: unknown character '0xa3'
error C2018: unknown character '0xbb'
error C2146: syntax error : missing ';' before identifier 'b'
```

错误 C2018:不能识别的字符'0xa3'
错误 C2018:不能识别的字符'0xbb'
错误 C2146:在标识符'b'前缺少分号';'

虽然出现 3 条错误信息,实际上就是因为 a=5 后的分号是全角分号,将它改成英文半角分号后,这 3 条错误就没有了。

**解决方法**:输入程序代码时,小心谨慎,尽量避免此问题。

(12) 使用 scanf 和 printf 函数时,忘记写文件包含命令 #include<stdio.h>。编译时会出现以下错误:

```
error C2065: 'scanf' : undeclared identifier
error C2065: 'printf' : undeclared identifier
```

错误 C2065:'scanf':未声明的标识符

错误 C2065:'printf':未声明的标识符

解决方法:每个程序都会输出数据,所以每个程序前必须加文件包含命令。

另外,如果程序中要使用一些标准的数学函数,一定要包含头文件 math.h,即写上:

```
#include<math.h>
```

(13) 文件包含命令书写格式错误。

例如,以下文件包含命令是错误的:

```
#include<stdio.h>;
#include<stdio.h>,<math.h>
#include<stdio.h, math.h>
```

解决方法:注意编译预处理命令以 # 开头,末尾不加分号,一个 include 命令只能指定一个被包含文件,若包含多个文件,则需用多个 include 命令,且一个命令应单独占一行。

(14) 使用宏定义时的常见错误。

① 定义了两个符号常量代表同一个常数。

例如:

```
#define  M  3
#define  N  3
```

解决方法:只定义一个符号常量即可。

② 带参数的宏定义,宏名和参数之间出现多余的空格。

例如:

```
#define  MAX  (a, b)  (a>b)?a:b
```

解决方法:宏名和参数之间不能有空格。

正确写法是:

```
#define  MAX(a, b)  (a>b)?a:b
```

③ 将宏体写得过于复杂,如宏体中出现选择和循环结构,或宏体由 5 条以上的语句组成。

解决方法:对于需要要多条语句才能完成的功能,建议最好写成函数。

# 第 3 章

## 程序的控制结构

## 3.1 学 习 要 点

(1) 关系运算符有 6 种：==,!=,>,<,>=,<=。

用关系运算符将两个表达式连接起来所构成的表达式，称为关系表达式。关系表达式的值是一个逻辑值，只有两种取值，C 语言中 1 表示"真"，0 表示"假"。

(2) 逻辑运算符有 3 种：&&,||,!。

用逻辑运算符将关系表达式或逻辑量连接起来构成逻辑表达式。逻辑表达式的值是一个逻辑量"真"或"假"。在给出逻辑运算结果时，以 1 代表"真"，以 0 代表"假"，但在判断一个量是否为"真"时，以 0 代表"假"，以非 0 代表"真"。

(3) if 语句的单分支形式：

```
if(表达式) 语句;
```

单分支 if 的功能是：如果表达式的值为真，则执行语句部分。

(4) if 语句的双分支形式：

```
if(表达式)  语句 1;
else  语句 2;
```

双分支 if 的功能是：如果表达式的值为真，则执行语句 1,否则执行语句 2。

(5) if 语句的多分支形式：

```
if(表达式 1)  语句 1;
else  if(表达式 2)  语句 2;
    else  if(表达式 3)  语句 3;
        else
           ⋮
            if(表达式 n)  语句 n;
            else  语句 n+1;
```

多分支 if 语句的功能是：按顺序求各表达式的值。如果某表达式的值为真，则执行其后相应的语句，执行完后整个 if 语句结束;如果没有一个表达式的值为真，则执行语句 n+1。

（6）if 语句的嵌套是指 if 语句的 if 块或 else 块中，又包含一个 if 语句。一般形式为：

```
if(表达式 1)
    if(表达式 2) 语句 1;
    else 语句 2;
else
    if(表达式 3) 语句 3;
    else 语句 4;
```

对于 if 嵌套结构，必须注意 else 与 if 的配对关系。C 语言规定 else 总是与它前面最近的、而且没有与其他 else 配对的 if 进行配对。

（7）switch 语句的基本格式：（用"[ ]"括起来的部分为可选项）

```
switch(表达式)
{
    case 常量表达式 1：语句 1;[break;]
    case 常量表达式 2：语句 2;[break;]
                    ⋮
    case 常量表达式 n：语句 n;[break;]
    [default：  语句 n+1]
}
```

switch 括号后的表达式，只能是整型、字符型或枚举型表达式。switch 语句的功能是：当"表达式"的值与某个 case 后的常量表达式的值相等时，就执行此 case 后面的语句。执行完后，流程控制转移到下一个 case(包括 default)中的语句继续执行。

通常情况下，在执行完一个 case 后的语句后，不会继续执行其后的 case 语句，这时就需要使用 break 语句使流程跳出 switch 结构，即终止 switch 语句的执行。如果表达式的值与所有常量表达式的值都不相同，则执行 default 后面的语句，如果没有 default 语句，就直接结束 switch 语句。

（8）条件运算符"?:"，条件表达式的一般形式为：

```
表达式 1?表达式 2：表达式 3
```

条件运算的功能是：先计算"表达式 1"的值，若为真，则取"表达式 2"的值为整个条件表达式的值；若"表达式 1"的值为假，则取"表达式 3"的值为整个条件表达式的值。

（9）C 语言提供了三种循环控制语句，构成了三种基本的循环结构：while 循环、do-while 循环、for 循环。

（10）while 循环的一般形式如下：

```
while(表达式)
    循环体语句;
```

while 循环的执行过程：先计算 while 后表达式的值，如果其值为"真"，则执行循环体；执行完循环体后，再次计算 while 后表达式的值，如果其值为"真"，则继续执行循环体；如果其值为"假"，则退出循环。

（11）do-while 循环的一般形式如下：

```
do
{
    循环体语句;
}while(表达式);
```

do-while 循环的执行过程：先执行 do 后面循环体语句，然后计算 while 后表达式的值，如果其值为"真"，则继续执行循环体，如果值为"假"，则退出循环。

（12）for 循环的一般形式如下：

```
for(表达式 1;表达式 2;表达式 3)
    循环体语句;
```

for 循环执行的过程：①计算表达式 1；②计算表达式 2，若其值为真（表示循环条件成立），则转第③步；若其值为假，则转第⑤步；③执行循环体；④计算表达式 3，然后转第②步，判断循环条件是否成立；⑤结束循环。

（13）break 语句的形式为：

```
break;
```

break 语句的作用是：终止 switch 语句或循环语句的执行。在循环语句中，break 常常和 if 语句一起使用，表示当条件满足时，立即终止循环。

（14）continue 语句的形式为：

```
continue;
```

continue 语句的作用是：结束本次循环，即跳过本次循环体中余下尚未执行的语句，接着进行下一次循环条件的判定，从而决定循环是否继续执行。

（15）break 语句和 continue 语句的主要区别：continue 语句只终止本次循环；而 break 语句是终止整个循环。

（16）goto 语句是无条件转移语句，其格式为：

```
goto 语句标号;
```

goto 语句的功能：程序无条件转移到"语句标号"处执行。

goto 语句的常见用途：①goto 与 if 构成循环（已被 while、do-while 和 for 代替）；②从循环体跳到循环体外（被 break 和 continue 代替）。

# 3.2  实 验 内 容

## 3.2.1  实验 1  if 语句编程

### 1. 实验目的与要求

（1）掌握关系运算和逻辑运算，能写出正确的关系表达式和逻辑表达式。

（2）掌握 if 语句的 3 种形式，及 if 语句的嵌套。

**2. 实验题目**

(1) 阅读以下程序,先写出程序的运行结果,再上机验证。

```c
#include<stdio.h>
void main()
{
    int a=0, b=0, c=1, x=0;
    if(a)   x=5;
    else
        if(!b)
        if(!c)x=15;
        else   x=25;
    printf("x=%d\n", x);
    a=2;   b=3;   c=0;
    if(a>b) x=1;
    else
        if(a==b)   x=0;
        else   x=-1;
    if(c=1)   printf("x=%d\n", x);
}
```

(2) 找出下面程序中的错误并改正,使程序能正确运行。

该程序用来计算以下分段函数

$$y=\begin{cases} e^{-x} & x>0 \\ 1 & x=0 \\ -e^{x} & x<0 \end{cases}$$

```c
#include<stdio.h>
void main()
{
    int  x, y;
    scanf("%d", &x);
    if(x>0)   y=exp(-x);
    if(x<0)   y=-exp(x);
    else   y=1;
    prinft("y=%f\n", y);
}
```

(3) 用 if 语句编程实现输入三角形的三个边长,判断三边长是否能构成一个三角形,若能构成三角形,则计算出三角形的面积并输出,并且输出它是直角三角形、等腰三角形、等边三角形还是一般三角形;若不能构成三角形,则输出信息"输入的三条边长不能构成三角形"。

(4) 编程实现从键盘输入一个整数,判断它是否分别能被 3、5 整除,并根据不同情况输出以下信息之一:

① 该数能同时被 3 和 5 整除;

② 该数能被其中一个数整除(即该数能被 3 整除,或该数能被 5 整除);

③ 该数既不能被 3 整除也不能被 5 整除。

### 3.2.2 实验 2 switch 语句编程

**1. 实验目的与要求**

(1) 掌握 switch 语句的形式及其使用方法。

(2) 学会用 switch 语句编程解决实际问题。

**2. 实验题目**

(1) 阅读以下程序,先写出程序的运行结果,再上机验证。

```c
#include<stdio.h>
void main()
{
    int a=2, b=7, c=5;
    switch(a>0)
    {
        case 1: switch(b<0)
            {  case 1: printf("@"); break;
               case 2: printf("&"); break;
            }
        case 0: switch(c==5)
            {  case 0: printf("*"); break;
               case 1: printf("#"); break;
               default: printf("#");
            }
        default: printf("$");
    }
    printf("\n");
}
```

(2) 用 switch 语句编程实现一个简单的计算器程序,输入两个数和一个运算符(设只有 4 个运算符 + 、− 、* 、/),根据输入的运算符进行运算,并输出结果。

(3) 根据给出的函数关系,对输入的 x 值计算出相应的 y 值,要求用 switch 语句实现。

$$y = \begin{cases} 0 & x < 0 \\ x & 0 \leqslant x < 10 \\ 10 & 10 \leqslant x < 20 \\ -0.5x + 20 & 20 \leqslant x < 40 \end{cases}$$

### 3.2.3 实验 3 循环结构编程

**1. 实验目的与要求**

(1) 掌握 while、do-while、for 这 3 种循环语句的形式及其使用方法。

(2) 掌握循环嵌套的使用方法。

(3) 理解 break 和 continue 语句的区别,并能正确使用。

**2. 实验题目**

（1）阅读以下程序，先写出程序的运行结果，再上机验证。

```c
#include<stdio.h>
void main()
{
    int  i, j;
    float  sum;
    for(i=7; i>4; i--)
    {   sum=0.0;
        for(j=i; j>3; j--)
            sum=sum+i * j;
    }
    printf("sum=%f\n", sum);
}
```

（2）分别用 while 和 do-while 语句编程实现计算 1～200 之间的能被 3 整除的整数之和。

（3）编程找出 1000 以内的所有完数，完数是指一个数恰好等于它的因子之和，如：6＝1＋2＋3，并按以下格式输出：6 its factors are 1,2,3。

提示：对于一个数 n，需要求出它的全部因子，其中因子"1"可以不求，从 2 开始一直到 n/2，逐一判断它们是否为 n 的因子，如果是因子就把它加起来，最后比较一下因子和是否等于该数，是则表明该数为完数，输出结果。

（4）用 for 语句编程实现打印如下输出形式的九九乘法表（□表示空格）。

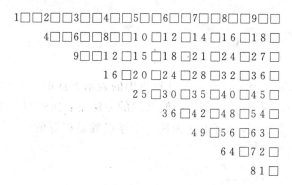

提示：用嵌套的 for 循环实现，外层循环控制行，内层循环控制列；并且注意每个数据输出时占 3 列。

# 3.3  常见错误及解决方法

（1）if 语句或循环语句中逻辑或关系表达式书写错误。

例如：

表示"x 属于 0 到 1 的闭区间"，写成"0<=x<=1"或"x∈[0,1]"。

表示"a 的平方减 b 的平方大于 0"，写成"$a^2-b^2>0$"。

这些都是数学表达式的写法,而不是正确的 C 语言表达式。

解决方法:真正理解 C 语言的逻辑运算和关系运算,以上条件 C 语言表达式的正确写法是:x>=0&&x<=1,(a*a-b*b)>0。

另外,注意在关系运算符<=,>=,==和!=中,两个符号之间不允许有空格。

(2) 用 if 判断数据是否相等时,将等号"=="写成赋值号"=",编译时不会出现语法错误,但程序运行时会出错。编写程序段,实现若 a 等于 10,则 b=1;否则 b=0;设程序代码如下:

```
int a=5;
if(a=10)   b=1;                        //if 条件中的等号"=="错写成赋值号"="
else   b=0;
```

不论原来变量 a 的值是多少,执行 if 语句时,a 就赋值为 10;所以肯定会执行 b=1;这样就与题目要求不符了。

解决方法:C 语言中的等号一定要写 2 个"="。

(3) 用关系运算符"=="直接比较两个浮点数是否相等。

例如:

```
float x;
scanf("%f", &x);
if(x==123.456)   printf("OK!\n");
else   printf("x=%f\n", x);
```

输入数据:

123.456↙

输出结果:

x=123.456001

出现以上输出结果是因为浮点数在计算机中的表示方法的特殊性和浮点数的精度问题造成的,所以比较两个浮点数是否相等一般采用的方法是:比较两个浮点数之差的绝对值,如果该值小于某个精度范围,就可以认为这两个浮点数是相等的。

上例的 if 语句可改写为:

```
if(fabs(x-123.456)<=1e-6)
    printf("OK!\n");
```

这里的 1e-6 是设定的误差精度,也可以写得更小,如 1e-9。

另外,一般也不用"=="来判断浮点数是否等于 0,而是采用上面的方法,例如,对一元二次方程根判别式 $b^2-4ac$ 是否为 0 的判断:

```
if(fabs(b*b-4*a*c)<=1e-6)…
```

(4) 复合语句不加花括号,虽然不会出现语法错误,但会导致程序出现逻辑错误,程序在执行 if 语句和循环语句时将出错。

例如:以下程序段想实现当 a 小于 b 时,交换 a 和 b 的值。

```
int a,b,c;
scanf("%d%d", &a, &b);
if(a<b)
c=a;
a=b;
b=c;
```

这样写实际上 if 语句是 if(a<b)c=a；而 a=b；b=c；这 2 条语句与 if 没有关系。

若输入 3  8↙，则 a=3,b=8，条件 a<b 成立，先执行 c=a；然后再执行 a=b；b=c；最后 a=8,b=3，结果看上去是正确的，但程序的逻辑结构是错误的。实际上，不论 a<b 是否成立，程序都会执行 a=b；b=c；这 2 条语句。

假设输入 6  2↙，则 a=6,b=2，这时 if 的条件不满足，不执行 c=a；但是会执行 a=b；b=c；所以程序运行后 a=2,b=-858993460，结果出错了，因没执行 c=a；变量 c 中是随机数，执行 b=c；后，变量 b 也成了随机值。

解决方法：复合语句必须用花括号括起来。

上例的 if 语句应改为：

```
if(a<b)
{   c=a;
    a=b;
    b=c;
}
```

(5) 错误使用分号的几种情况：

① 在语句的末尾漏掉分号。

例如：

```
int a,b;
a=5                          //这里漏写了一个分号
```

编译时会出现以下错误：

```
error C2146: syntax error : missing ';' before identifier 'b'
```

错误 C2146：在标识符'b'前缺少分号';'

② 在 do-while 语句的末尾漏掉分号。

例如：

```
a=1;
do
{
    a++;
}while(a<5)                  //这里漏写了一个分号
printf("a=%d\n", a);
```

编译时会出现以下错误：

```
error C2146: syntax error : missing ';' before identifier 'printf'
```

错误 C2146：在标识符'printf'前缺少分号';'

③ 在 if 语句的条件表达式后多写一个分号,这个分号就是一条空语句。

例如：

```
if(x>10);
y=1;
```

这样写,实际上 y=1;并不属于 if 语句,当 x>10 时,先执行空语句,再执行 y=1;此时编译不会出错,在程序运行时则可能出现错误：当变量 x 的值大于 10,y 能赋值为 1(没有错误),但是当变量 x 的值小于 10,y 也能赋值为 1。

如果是双分支的 if 语句,多加了分号后会出现语法错误。

例如：

```
if(x>10);                    //多了一个分号
    y=1;
else
    y=-1;
```

这样写,实际上 if 语句只是"if(x>10) ;",而其后的那 3 行代码是与 if 无关的,于是编译时将出现以下错误：

error C2181: illegal else without matching if

错误 C2181：非法的 else,没有与之匹配的 if

④ 在循环语句的条件表达式后多写一个分号,那么这个分号构成的空语句就成了循环体,此时程序运行将出错。

例如：

```
i=1;
sum=0;
while(i<5);                  //多了一个分号
    {sum=sum+i;i++;}
printf("sum=%d\n", sum);
```

执行这个程序段会出现"死循环",没有输出结果。因为在 while(i<5)后多写了一个分号,那么 while 的循环体就是一个空语句,而 i 值为 1,循环条件 i<5 永远成立,所以 while 循环无法结束,后面的赋值语句和输出根本就不会执行。

例如：

```
sum=0;
for(i=0; i<5; i++);          //多了一个分号
    sum=sum+i;
printf("sum=%d\n", sum);
```

这个程序段的输出结果是：sum=5。因为 for 的循环体是一个分号,即空语句,而赋值语句 sum=sum+i;根本就不是循环体中的语句,它在循环结束后才执行,且只执行一次,而循环结束时 i 的值为 5,所以 sum 的值也为 5。

（6）switch 语句中经常出现的错误。

① 在 switch 语句的各 case 分支中漏写 break 语句。

例如：

```
int x;
scanf("%d", &x);
switch(x)
{
    case 1: printf("spring\n");
    case 2: printf("summer\n");
    case 3: printf("autumn\n");
    case 4: printf("winter\n");
    default: printf("error\n");
}
```

以上程序段的本意是想根据输入的数字（1～4），对应输出一年中的 4 个季节，若输入的整数不在 1～4 之间，则输出"error"。即，若输入 3，则应输出 autumn，若输入 6，则应输出 error。

按以上程序代码，若输入 3，则会输出：

```
autumn
winter
error
```

显然输出结果与原来的想法不符。因为 switch 语句的执行过程是：当 switch 后"表达式"的值与某个 case 后的常量表达式的值相等时，就执行此 case 后面的语句，执行完后，转移到下一个 case（包括 default）中的语句继续执行。

解决方法：在各 case 分支的输出语句后加上 break 语句，使每次执行完一个 case 分支，就终止 switch 的执行。

上例的 switch 语句应改为：

```
switch(x)
{
    case 1: printf("spring\n");  break;
    case 2: printf("summer\n");  break;
    case 3: printf("autumn\n");  break;
    case 4: printf("winter\n");  break;
    default: printf("error\n");
}
```

② switch 语句中不写 default 分支，程序运行时可能会产生不良影响。

例如：

```
int x, y, z;
scanf("%d", &x);
switch(x)
```

```
    {
        case 1: y=10;  break;
        case 2: y=20;  break;
    }
    z=y * y;
    printf("z=%d\n", z);
```

程序运行时,假设输入数据是 1 或 2 时,程序会得到正确结果,但是输入其他整数时就会出错。如:输入 3,则不会执行 switch 中的 case 分支,这样就不会给变量 y 赋值,在执行 z＝y＊y;时,y 是随机值,所以 z 得到的结果是没有意义的。

解决方法:在 switch 语句必须提供 default 分支,如果 default 中确实没有什么可做的,就输出提示信息,以便程序调试。

上例的 switch 语句应改为:

```
switch(x)
  {
        case 1: y=10;  break;
        case 2: y=20;  break;
        default: y=0;
  }
```

③ case 后写的不是常量表达式,而是关系表达式或逻辑表达式。

例如:

```
int x;
char grade;
scanf("%d", &x);
switch(x)
  {
        case x<=100&&>=90: grade='A';  break;
        case x<90&&x>=80: grade='B';  break;
        case x<80&&x>=60: grade='C';  break;
        case x<60&&x>=0: grade='D'; break;
        default: printf("输入数据错误,x 应在 0—100 之间\n");
  }
```

解决方法:case 后只能写常量表达式,程序员需要根据具体情况,设计好 switch 后的表达式,使表达式的取值能用常量表示。

上例的 switch 语句可改为:

```
switch(x/10)
  {
        case 10:
        case 9: grade='A'; break;
        case 8: grade='B'; break;
        case 7:
        case 6: grade='C'; break;
```

```
        case 5:
        case 4:
        case 3:
        case 2:
        case 1:
        case 0: grade='D'; break;
        default: printf("输入数据错误,x 应在 0—100 之间\n");
    }
```

（7）随意改变循环控制变量的值。

例如：

```
int   i, s=0;
for(i=1; i<=5; i++)
{
    s=s+i;
    i=i+2;
}
```

以上程序段的本意是想循环 5 次,但实际上只能循环 2 次,当 i=1 时,满足条件 i<=5,第 1 次执行循环体内的语句,s=0+1=1,i=1+2=3,然后执行 i++；i 的值变为 4,还是满足条件 i<=5,第 2 次执行循环体内的语句,s=1+4=5,i=4+2=6,再执行 i++；i 的值变为 7,这时不满足条件 i<=5,for 循环结束。

解决方法：在循环体内不要随意使用或重新给循环控制变量赋值。

（8）嵌套循环中,内、外层循环使用同一个循环控制变量。

例如：

```
int   i, k=0;
for(i=0; i<3; i++)
    for(i=0; i<4; i++)
        k++;
printf("k=%d\n", k);
```

程序执行后的输出结果是：k=4,说明语句 k++；执行 4 次,当外层循环 i=0 时执行内层的循环,由于还是使用 i 作循环控制变量,i 的值由 0 变化到 4 后,内层循环结束,再执行外层循环的 i++；i 的值变为 5,不满足 i<3 的条件,所以外层循环也结束了。

解决方法：对于嵌套循环,内、外层循环必须使用不同的循环控制变量。以上程序段应改为如下形式,则输出结果是：k=12

```
int   i, j, k=0;
for(i=0; i<3; i++)
    for(j=0; j<4; j++)
        k++;
printf("k=%d\n", k);
```

# 第 **4** 章

数组

## 4.1 学习要点

(1) 数组的相关概念：数组是由具有相同类型的固定数量的元素组成的集合。数组元素在数组中的位置序号称下标,下标从 0 开始,每一个数组元素都是一个变量,为了与一般的变量相区别,称数组元素为下标变量。

(2) 一维数组定义格式。

类型标识符　数组名[常量表达式];

其中数组名是用户定义的标识符,整个数组占用一段连续的内存单元,各元素按下标顺序存放,数组名表示了这段存储单元的首地址,即第一个数组元素的地址。常量表达式表示数组长度,即该数组有多少个数组元素。

(3) 一维数组初始化的几种方式。

① 在定义数组时对全部数组元素赋初值。

例如：

```
int  a[5]={ 1, 2, 3, 4, 5};
```

② 只给部分数组元素赋初值,系统自动对其余元素赋缺省值。

例如：

```
int  a[5]={1, 3, 5,};      等价于：int  a[5]={1, 3, 5, 0, 0};
```

③ 使数组中全部元素初值都为 0。

例如：

```
int  a[5]={0};
```

④ 对全部数组元素赋初值时,可以不指定数组长度,其长度由初值个数自动确定。

例如：

```
int  a[]={1, 2, 3, 4, 5};
```

（4）一维数组元素的输入、输出一般采用循环语句实现。

例如：

```
int  a[10], i;
for(i=0; i<10; i++)
    scanf("%d", &a[i]);
for(i=0; i<10; i++)
    printf("%d", a[i]);
```

（5）二维数组定义格式。

类型标识符 数组名[常量表达式 1][常量表达式 2];

常量表达式 1 表示二维数组第一维的长度，常量表达式 2 表示第二维的长度，二维数组的总元素个数为两维长度的乘积。

从本质上来说，二维数组可以理解为一个特殊的一维数组，这个数组的每一个元素都是一个一维数组。

二维数组在内存中的存储空间也是连续的线性空间，其存放顺序是按行存储，即先存放第一行的元素，再存放第二行元素。二维数组的数组名表示数组在内存中的首地址。

（6）二维数组初始化的几种方式。

① 分行初始化，每行数据用一对花括号括起来。

例如：

```
int  a[2][3]={{1,2,3}, {4,5,6}};
```

② 按数组存储顺序依次给各元素赋初值。

例如：

```
int  a[2][3]={1,2,3,4,5,6};
```

**注意**：此方法数据没有明显的界限，当数据较多时容易出错。

③ 对部分元素赋初值，其余元素赋缺省值。

例如：

```
int  a[3][4]={{1}, {0, 5}, {9}};
```

④ 对数组中前面几行赋初值，后面各行的元素自动赋缺省值。

例如：

```
int  a[4][3]={{1}, {3,5}};
```

⑤ 当对全部数组元素赋初值时，第一维的长度可以省略，但第二维长度不能省略。

例如：

```
int  a[][3]={1,2,3,4,5,6,7,8,9};
```

⑥ 分行初始化时，也可以省略第一维的长度说明。

例如：

```
int  a[][3]={{1,3}, {0,2}, {4}};
```

(7) 二维数组元素的输入、输出一般采用双层循环语句实现。

例如：

```c
int   a[3][4], i, j;
for(i=0; i<3; i++)
    for(j=0; j<4; j++)
        scanf("%d", &a[i][j]);
for(i=0; i<3; i++)
{
    for(j=0; j<4; j++)
        printf("%d", a[i][j]);
    printf("\n");
}
```

(8) 字符数组定义格式。

```c
char   数组名[字符个数];
```

字符数组的每个数组元素只能存放一个字符，由于 C 语言中没有字符串类型，所以使用字符数组来存放字符串，字符串必须以'\0'字符作为结尾，称为字符串结束标志。

(9) 字符数组的初始化。

① 逐个将字符赋给数组中的元素。

例如：

```c
char   c[5]={'C', 'h', 'i', 'n', 'a'};
```

如果花括号中的初值个数小于数组长度，按顺序赋值后，其余元素自动赋空字符'\0'。

例如：

```c
char   c[5]={'A', 'B', 'C'};   等价于：char   c[5]={'A', 'B', 'C', '\0', '\0'};
```

② 将字符串赋给字符数组。

例如：

```c
char   c[]={"China"};   或：char   c[]="China";
```

以上初始化等价于：

```c
char   c[6]="China";
```

也等价于：

```c
char   c[6]={'C', 'h', 'i', 'n', 'a', '\0'};
```

(10) 字符数组的输入、输出。

① 单个字符的输入、输出。

```c
char   a[10], i;
for(i=0; i<10; i++)
    scanf("%c", &a[i]);
```

```
for(i=0; i<10; i++)
    printf("%c", a[i]);
```

② 字符串的输入、输出。

```
char  a[10];
scanf("%s", a);
printf("%s", a);
gets(a);
puts(a);
```

**注意:**

- 输入、输出字符串时,都是使用字符数组名。
- 用%s 输入字符串时,遇到空格、回车符都会作为字符串的分隔符,即%s 格式不能用来输入包含有空格的字符串。
- 要使用 gets 和 puts 函数,需要在程序的开头添加"#include<stdio. h>"来进行说明。
- 使用 gets 函数可以读入包括空格在内的全部字符直到遇到回车符为止;用 gets 输入字符串时,若输入字符数大于字符数组的长度,则多出的字符会存放在数组的存储空间之外。
- puts 函数一次只能输出一个字符串,输出时将'\0'自动转换成换行符。

(11) 字符串处理函数时,这些函数都包含在头文件"string. h"中,在使用这些函数时必须在程序的开头添加"#include<string. h>"来进行说明。

① 字符串拷贝函数 strcpy()

格式:

strcpy(字符数组 1,字符串 2)

功能:将字符串 2 复制到字符数组 1 中。

② 字符串连接函数 strcat()

格式:

strcat(字符数组 1,字符数组 2)

功能:把字符串 2 连接到字符串 1 的后面,仍存放在字符数组 1 中。

③ 字符串比较函数 strcmp()

格式:

int strcmp(字符串 1, 字符串 2)

功能:比较字符串 1 和字符串 2,从左到右逐个字符比较 ASCII 值的大小,直到出现的字符不一样或遇到'\0'为止,比较结果由函数返回。

- 若字符串 1=字符串 2,函数的返回值为 0;
- 若字符串 1>字符串 2,函数的返回值为一正整数;
- 若字符串 1<字符串 2,函数的返回值为一负整数。

④ 测试字符串长度函数 strlen()

格式:

int strlen(字符串)

功能:测试字符串长度,函数返回值为字符串的实际长度,不包括'\0'在内。

# 4.2 实 验 内 容

## 4.2.1 实验 1 一维数组编程

### 1. 实验目的与要求

(1) 掌握一维数组的定义、初始化与使用。

(2) 掌握一维数组的输入、输出方法。

(3) 学会应用一维数组编程求解问题。

### 2. 实验题目

(1) 阅读以下程序,先写出程序的运行结果,再上机验证。

```c
#include<stdio.h>
void main()
{
    int   a [11]={3, 5, 8, 10, 12, 16, 19, 24, 28, 37};
    int   n, i, j, pos;
    printf("input n:");
    scanf("%d", &n);
    if(n>a[9])   a[10]=n;
    else
    {   for(pos=0; pos<10; pos++)
            if(a[pos]>n)  break;
        for(j=10; j>pos ; j--)
          a[j]=a[j-1];
        a[pos]=n;
    }
    for(i=0; i<11; i++)
        printf("%4d", a[i]);
    printf("\n");
}
```

(2) 编程对冒泡排序方法进行改进。

冒泡排序可能出现以下情况:设有 10 个数排序,按照冒泡排序算法需要 9 轮比较,但是由于输入的原始数据具有一定的顺序,所以可能进行 3 轮比较后 10 个数就已经排好了,而后面的 6 轮比较其实没有进行任何的数据交换,改进的目的就是要减少后面无意义的比较轮数。

(3) 编程实现两个有序数组的合并,合并后的数据存放在第 3 个数组中,并保持其有序性。

例如 a、b 中已有以下数据：

a[5]={1,3,6,9,12}; b[5]={2,5,7,10,15};

合并后数据存放在数组 c 中，c[10]={1,2,3,5,6,7,9,10,12,15}。

（4）找出下面程序中的逻辑错误，该程序要实现的功能是：输入 10 个数存放到数组 a 中，找出其中最小的数与数组的 a[0]交换，找出最大的数与数组的 a[9]交换，最后输出交换后的结果。

```
#include<stdio.h>
void  main()
{
    int  i, max, min, temp, a[10];
    for(i=0; i<10; i++)
        scanf("%d", &a[i]);
    max=min=0;                          // max, min 记录最大、最小数在数组中的下标
    for(i=1; i<10; i++)
    {
        if(a[i]>a[max])  max=i;
        if(a[i]<a[min])  min=i;
    }
    /* 以下 3 句赋值实现最小的数与数组的 a[0]交换 */
    temp=a[0];
    a[0]=a[min];
    a[min]=temp;
    /* 以下 3 句赋值实现最大的数与数组的 a[9]交换 */
    temp=a[9];
    a[9]=a[max];
    a[max]=temp;
    for(i=0; i<10; i++)
        printf("%3d", a[i]);
}
```

程序运行结果：

若输入：3 5 1 6 9 8 0 7 2 4↙
则输出：0 5 1 6 4 8 3 7 2 9  结果是正确的
若输入：9 2 4 6 1 3 8 0 7 5↙
则输出：5 2 4 6 1 3 8 9 7 0  结果是错误的

要求：

运用本书 1.2.4 节中介绍的程序调试方法，找出错误原因，并将程序改为在任何输入情况下结果都是正确的。

## 4.2.2  实验 2  二维数组编程

### 1. 实验目的与要求

（1）掌握二维数组的定义、初始化与使用。

(2) 掌握二维数组的输入、输出方法。

(3) 学会应用二维数组编程求解问题。

**2. 实验题目**

(1) 阅读以下程序,先写出程序的运行结果,再上机验证。

```c
#include<stdio.h>
void main()
{
    int  a[3][3], i, j;
    for(i=0; i<3; i++)
        for(j=0; j<3; j++)
            a[i][j]=i+j;
    for(i=0; i<3; i++)
    {
        for(j=0; j<3; j++)
            printf("%3d", a[i][j]);
        printf("\n");
    }
}
```

(2) 编程将二维数组 a 中的每一列元素向右移动一列,而原来最右边的那一列元素移到最左边(见下图所示),请分别用两种方式实现:①用数组 b 存放移动后的数据,②在数组 a 原有的空间上实现移动。

$$\begin{matrix} 1 & 2 & 3 \\ 4 & 5 & 6 \\ 7 & 8 & 9 \end{matrix} \quad \rightarrow \quad \begin{matrix} 3 & 1 & 2 \\ 6 & 4 & 5 \\ 9 & 7 & 8 \end{matrix}$$

(3) 编程检查一个 $n * n$ 的二维数组是否对称,即对所有的 i、j,都有 a[i][j] 等于 a[j][i],其中:n 的值和数组元素都由键盘输入。

(4) 编程计算两个矩阵的和。

提示:矩阵相加就是两个矩阵中对应的元素相加,要求两个矩阵的大小相同,假设有 $m * n$ 阶矩阵 A 和 B,C＝A＋B,用公式表示为:$c_{ij}＝a_{ij}＋b_{ij}$。

例如:

$$\begin{bmatrix} 1 & 2 \\ 3 & 4 \end{bmatrix} + \begin{bmatrix} 3 & 1 \\ 4 & 2 \end{bmatrix} = \begin{bmatrix} 4 & 3 \\ 7 & 6 \end{bmatrix}$$

## 4.2.3  实验 3  字符数组编程

**1. 实验目的与要求**

(1) 掌握字符数组的定义、初始化与使用。

(2) 掌握字符数组及字符串的输入、输出方法。

(3) 掌握字符串处理函数的使用。

(4) 学会应用字符数组编程求解问题。

**2. 实验题目**

(1) 阅读以下程序,先写出程序的运行结果,再上机验证。

```
#include<stdio.h>
void main()
{
    char s[80];
    int i, j;
    gets(s);
    for(i=0, j=0; s[i]!='\0'; i++)
        if(s[i]!='a')
        {   s[j]=s[i];
            j++;
        }
    s[j]='\0';
    puts(s);
}
```

（2）先输入一行字符，将其存放在字符数组中，再输入一个指定字符，在字符数组中查找这个指定字符，若数组中含有该字符，则输出该字符在数组中第一次出现的位置（即下标），否则输出-1。

（3）编程实现输入一行字符，将其中重复出现的字符全部删除。

例如：若输入字符串：

abcdabghakdmncdgkp

则删除重复字符后应输出：

abcdghkmnp

（4）编程实现输入 5 个字符串，在每个字符串中找出 ASCII 值最大的字符，并输出。

要求：5 个字符串用二维字符数组存放，找出的那 5 个字符存放在一个一维字符数组中。

# 4.3　常见错误及解决方法

（1）错误定义数组。

例如：

int　n=10, a[n];

编译时将出现以下错误：

error C2057: expected constant expression
error C2466: cannot allocate an array of constant size 0
error C2133: 'a' : unknown size

错误 C2057：期望常量表达式

错误 C2466：不能分配一个大小为 0 的数组

错误 C2133：'a'：不知道其大小（长度）

定义数组时，方括号内必须是常量表达式，上面定义中 n 是一个变量，这是不允许的。

另外,以下数组定义也是错误的:

```
int  a[x];                      //x 根本没有定义
int  a[];                       //不写数组长度是错误的
```

解决方法:定义数组时保证方括号内是常量表达式。

(2) 错误的使用数组元素下标,一般编译时不会报错,但程序运行时会出错。

例如:

```
int a[5]={2, 4, 6, 8, 10}, i;
for(i=1; i<=5; i++)
    printf("%d,", a[i]);
```

输出结果:

```
4,6,8,10,1245120
```

数组元素的下标是从 0 开始的,即数组 a 的 5 个元素是:a[0],a[1],a[2],a[3],a[4]。上面 for 循环中控制变量 i 是从 1 开始,所以输出数据是从 a[1]开始,没有 a[0];而循环条件写成"i<=5",这样当 i=5 时也要执行循环体中输出语句,输出元素 a[5],但实际上是没有 a[5]这个元素的,计算机是将元素 a[4]后面的存储单元的数据输出,所以最后输出了一个随机数。

解决方法:牢记数组的下标是从 0 开始的,且数组最后一个元素的下标是:数组长度−1。

(3) 在引用数组元素之前没对其赋初值。

例如:

```
void main()
{
    int   a[10], b;
    b=a[5];
    ...
}
```

这样编译时虽然不会出现错误,但因数组 a 没有初始化,也没有进行输入数据,a 中的 10 个元素全部是随机数,直接将其赋给别的变量是不对的,所以会出现以下警告信息:

```
warning C4700: local variable 'a' used without having been initialized
```

警告 C4700:局部变量'a'在使用前未进行初始化

解决方法:在引用数组元素之前要确保数组已经进行初始化、赋值或输入。

另外,在引用数组元素时用圆括号也是错误的。如:b=a(5);注意定义数组和引用数组元素只能用方括号。

(4) 一维数组的输入、输出有错误。

例如:

```
int  i, a[10];
scanf("%d", &a[10]);            //用这种方式输入数组 a 的全部元素是错的
```

以上语句只能输入一个元素，但又不存在元素 a[10]，所以这样写是错误的。

```
for(i=1; i<=10; i++)              //循环控制变量 i 的值不对
    scanf("%d", &a[10]);         //输入项写 &a[10]是错的
```

变量 i 的值从 1 变到 10，意味着输入的元素是从 a[1]到 a[10]，而数组 a 的元素是 a[0]到 a[9]；scanf 中写 &a[10]，则执行 10 次循环都是将输入的数据存放到 a[10]的存储单元，后输入的数据会依次覆盖前一次的数据，最后 a[10]存放的是第 10 个数据，何况 a[10] 根本不是数组 a 的元素，所以这样写是完全错误的。

另外，企图用 printf("%d", a)；这种方式输出数组 a 的全部元素也是错的。数组名 a 表示了数组在内存中的起始地址，它并不代表所有的数组元素。

解决方法：一维数组的输入、输出是通过循环对数组元素进行的。

正确的写法是：

```
for(i=0; i<10; i++)
    scanf("%d", &a[i]);         //输入数组元素，不要忘记写地址符
for(i=0; i<10; i++)
    printf("%d", a[i]);         //输出数组元素
```

(5) 使用单层的 for 循环实现二维数组的输入、输出。

例如：

```
int  i, j, a[3][3]={1, 2, 3, 4, 5, 6, 7, 8, 9};
for(i=0, j=0; i<3, j<3; i++, j++)
    printf("%d  ", a[i][j]);
```

输出结果：

```
1  5  9
```

以上 for 循环实际上执行了 3 次，循环条件写成"i<3, j<3"，这是一个逗号表达式，先计算 i<3，再计算 j<3，而 j<3 的结果作为整个逗号表达式的结果，所以 for 循环输出的是：a[0][0]，a[1][1]，a[2][2]，并没有输出完整的二维数组。

解决方法：二维数组的输入、输出用双层的嵌套循环实现。

正确写法如下：

```
for(i=0; i<3; i++)
{
    for(j=0; j<3; j++)
        printf("%d  ", a[i][j]);
    printf("\n");
}
```

(6) 使用字符串时经常出现的错误。

① 混淆字符和字符串。

例如：

```
char ch="A";                     //这里使用双引号是错误的
```

解决方法：字符常量是由一对单引号括起来的单个字符；而字符串常量是用一对双引号括起来的字符序列。

以上字符型变量的初始化应为：

```
char ch='A';
```

② 对字符串进行赋值操作。

例如：

```
char name[10];
name="Alex";
```

因 C 语言中用字符数组来存放字符串，规定可以对字符数组进行初始化，如写成：char name[10]="Alex"; 是正确的，但是不能直接进行赋值操作。

解决方法：使用字符串拷贝函数实现"赋值"操作。

正确方法：

```
strcpy(name, "Alex");
```

③ 使用字符串处理函数时，忘记包含头文件 string.h，编译时会出现错误，提示某字符串处理函数名是未声明的标识符。

解决方法：使用字符串处理函数时，如：strcpy,strcmp,strcat,strlen 等，必须在程序开头加文件包含命令：

```
#include<string.h>
```

④ 在使用 scanf()或 gets()输入字符串时加地址运算符。

例如：

```
char name[10];
scanf("%s", &name);            //或写 gets(&name);
```

解决方法：因字符串是存放在字符数组中的，而数组名就表示数组的起始地址，所以在使用输入函数时，不能在数组名前再加一个地址运算符，直接写数组名即可。

⑤ 对字符串的处理中，不能写出正确的循环条件。

例如：

```
char str[20];
gets(str);
for(int i=0; i<20; i++)
    str[i]=str[i]+32;
```

由于输入的字符串 str 的长度不是固定的，循环条件写成 i<20 是有问题的，这样写实际上是对字符数组 str 中的每一个元素都进行了处理。

解决方法：对字符串进行处理时，一般将循环条件写为：

```
str[i]!='\0';  或  i<strlen(str)
```

# 第 **5** 章

函数

## 5.1  学 习 要 点

（1）C 语言的源程序是由函数组成的，C 程序总是从 main()函数开始执行，需要时进行函数调用，调用结束后再回到 main()函数。

（2）C 程序中所有的函数都是独立的，函数不能嵌套定义，函数之间可以互相调用，但是 main()函数不能被其他任何函数调用。

（3）函数的分类：①从用户角度看，函数分为系统提供的标准库函数和用户自定义函数；②从函数形式看，函数分为无参函数和有参函数。

（4）函数定义的一般形式为：

&lt;数据类型&gt;函数名(&lt;形式参数表&gt;)
{    &lt;说明语句&gt;
    &lt;执行语句&gt;

}

（5）函数调用的一般形式为：函数名(&lt;实际参数表&gt;)；在函数调用时是将实参的值传给形参，即单向的"值传递"。实参与形参应类型一致、个数相同并一一对应，实参可以是常量、变量或表达式。形参只有在函数被调用时才会被分配相应的存储单元，函数调用结束后，该存储单元会被系统回收。

（6）函数的返回值，函数调用结束后会返回到主调函数，通过 return 语句可以返回该函数的运行结果，即返回值。函数中可以有多个 return 语句，但每次调用只可能有一个 return 语句被执行。无返回值的函数，其函数类型定义为 void。

（7）函数声明的一般形式有两种：

函数类型 函数名(形参类型 1,形参类型 2…)；
函数类型 函数名(形参类型 1 形参名 1,形参类型 2 形参名 2…)；

函数声明的位置：①在主调函数中对被调函数进行函数声明；②在所有函数的外部进行函数声明。

（8）数组名作函数参数时，是把实参数组的首地址传给形参数组，即形参数组和实参数组拥有同一段内存空间，当形参数组发生变化时，实参数组也随之变化。

（9）函数的嵌套调用是指主调函数调用被调函数，而在被调函数的执行过程中又调用另一个函数。

（10）函数的递归调用是指一个函数在它的函数体内直接或间接调用它自身。用递归求解问题的条件：一是递归的结束条件；二是求解问题的递归方式。

（11）用分治法求解问题的要素是：

① 问题可分解为若干个规模较小、相互独立且与原问题类型相同的子问题；

② 子问题足够小时可以直接求解；

③ 可以将子问题的解组合成原问题的解。

（12）局部变量是指在一个函数内部定义的变量，也称为内部变量，它只在本函数范围内有效，不同函数中可以使用相同名字的变量，函数的形式参数也是局部变量，在复合语句中定义的变量只在本复合语句内有效。

（13）全局变量是指在函数外定义的变量，因此也称为外部变量。其作用域是从源程序文件中定义该变量的位置开始，到本源程序文件结束，若在程序中全局变量与局部变量同名，则在局部变量的作用范围内，全局变量不起作用。

（14）变量的存储类别具体包含 4 种：自动的（auto）、静态的（static）、寄存器的（register）、外部的（extern）。

① 自动变量的特点是：在调用函数时系统会自动给自动变量分配存储空间，在函数调用结束时则自动释放这些存储空间。

② 静态局部变量在函数中使用静态局部变量，则函数调用结束后静态局部变量的存储空间依然存在，直到程序结束其存储空间才被释放。

③ 寄存器变量是将局部变量的值存放在寄存器中，从而提高程序运行速度。

④ 在外部变量定义点之前的函数想引用该全局变量，则应在函数内用关键字 extern 对该变量作"外部变量声明"，表示该变量是一个已经定义的外部变量。

（15）根据函数是否能被其他源文件中的函数调用，可以将函数分为内部函数和外部函数。

内部函数定义时在函数类型前加 static，使用内部函数，可以使函数只局限于该函数所在的源文件，如果其他文件中有同名的内部函数，则互不干扰。

如果一个函数能被本文件和其他文件中的函数调用，称为外部函数。定义时在函数类型前加 extern，在需要调用此函数的文件中，也要用 extern 声明所调用函数的原型。

# 5.2　实验内容

## 5.2.1　实验 1　简单函数编程

### 1. 实验目的与要求

（1）掌握函数的定义与调用方法。

（2）理解形参和实参的含义。

（3）掌握参数的"值传递"。

（4）学会应用函数编程。

**2. 实验题目**

（1）阅读以下程序，先写出程序的运行结果，再上机验证。

```c
#include<stdio.h>
int fun(int n);
void main()
{
    int x=101100110, z;
    printf("x=%d\n", x);
    z=fun(x);
    printf("zero=%d\n", z);
}
int fun(int n)
{
    int a=0, b=0, t;
    do
    {   t=n%10;
        if(t==0)   a++;
        else   b++;
        n=n/10;
    }while(n);
    printf("one=%d,", b);
    return (a);
}
```

（2）编写函数计算两个整数的所有公约数。

要求：在 main 函数中输入两个数，在函数中输出结果。

（3）编写函数实现将输入的一个偶数写成两个素数之和的形式。

例如：若输入 8，则输出 8＝3＋5。

要求：在 main 函数中输入一个偶数，并把该数以参数形式传给函数，最后在函数中输出结果。

## 5.2.2　实验2　综合运用一维数组和函数编程

**1. 实验目的与要求**

（1）掌握一维数组名作函数参数的方法。

（2）理解"地址传递"。

（3）学会综合运用一维数组和函数编程。

**2. 实验题目**

（1）阅读以下程序，先写出程序的运行结果，再上机验证。

```c
#include<stdio.h>
int fun(int a[], int x, int n)
{
    int i, t=0;
```

```
        if(x<a[0]||x>a[n-1])
            return (n);
        while(x>=a[t]&&t<n)
            t++;
        for(i=t-1; i<n; i++)
            a[i]=a[i+1];
        return (n-1);
    }
    void main()
    {
        int i, n, m, x, a[20]={0};
        printf("输入数组元素的个数(n<=20):");
        scanf("%d", &n);
        printf("按从小到大的顺序输入数组元素:");
        for(i=0; i<n; i++)
            scanf("%d", &a[i]);
        printf("输入元素 x:");
        scanf("%d", &x);
        m=fun(a, x, n);
        if(m!=n)
        {
            printf("数组元素的个数为: m=%d\n", m);
            printf("数组元素:");
            for(i=0; i<m; i++)
                printf("%d ", a[i]);
            printf("\n");
        }
        else    printf("数组没发生变化。\n");
    }
```

(2) 编写函数实现将数组的后 n 个元素移到数组的前面,成为前 n 个元素。

例如:数组 a[10]中的元素为:

1, 2, 3, 4, 5, 6, 7, 8, 9, 10

若 n=3,则调用函数后,应输出:

**8, 9, 10**, 1, 2, 3, 4, 5, 6, 7

要求:在 main 函数中输入 n,并将 n 作为参数,最后在 main 中输出结果。

(3) 编写函数实现将数组的后 n 个元素插入到数组的第 m 个位置,其中要求 m<(数组长度−n)。例如:数组 a[10]中的元素为:

1, 2, 3, 4, 5, 6, 7, 8, 9, 10

若 n=3,m=2,则调用函数后,应输出:

1, 2, **8, 9, 10**, 3, 4, 5, 6, 7

要求：在 main 函数中输入 n 和 m，如果 m 的值不满足要求，则不能进行插入操作，应输出错误信息；将 n 和 m 作为函数参数，最后在 main 中输出结果。

（4）请改正程序中的错误，使程序能得出正确的结果。

程序的功能是：在 score 数组存放有 m 个成绩，在函数 fun 中计算平均分，再将低于平均分的人数作为函数值返回，并将低于平均分的分数存放在 below 数组中，最后在 main 函数中输出 below 数组。

例如，score 数组的数据为 85，78，64，90，70，82 时，平均分为 78.17，函数返回的人数应该是"3"，below 数组中的数据应为"78，64，70"。

```c
#include<stdio.h>
int fun(int score[], int m, int below[])
{
    int  i, k=0;
    float aver;
    for(i=0; i<m; i++)
        aver=aver+score[i];
    aver=aver/m;
    printf("平均分=%.2f\n", aver);
    for(i=0; i<m; i++)
        if(score[i]<aver)
            below[k]=score[i];
    k++;
    return (k);
}
void main()
{
    int  i, n, below[6], score[6]={ 85, 78, 64, 90, 70, 82};
    n=fun(score[6], 6, below[6]);
    printf("低于平均分的人数：n=%d\n", n);
    printf("低于平均分的成绩：");
    for(i=0; i<n; i++)
        printf("%d", below[i]);
    printf("\n");
}
```

## 5.2.3　实验 3　综合运用二维数组和函数编程

**1. 实验目的与要求**

（1）掌握二维数组名作函数参数的方法。

（2）学会综合运用二维数组和函数编程。

**2. 实验题目**

（1）阅读以下程序，先写出程序的运行结果，再上机验证。

```c
#include<stdio.h>
```

```
int fun(int a[3][3]);
void output(int a[3][3]);
void main()
{
    int sum, a[3][3]={1, 2, 3, 4, 5, 6, 7, 8, 9};
    output(a);
    sum=fun(a);
    output(a);
    printf("sum=%d\n", sum);
}
int fun(int a[3][3])
{
    int i, j, s=0;
    for(i=0; i<3; i++)
        for(j=0; j<3; j++)
        {
            a[i][j]=i+j;
            if(i==j)   s=s+a[i][j];
        }
    return(s);
}
void output(int a[3][3])
{
    int i, j;
    for(i=0; i<3; i++)
    {
        for(j=0; j<3; j++)
            printf("%3d",a[i][j]);
        printf("\n");
    }
    printf("\n");
}
```

(2) 编程求 n * n 矩阵的主对角线与次对角线元素之和。

例如以下 3 * 3 矩阵：

| | | | |
|---|---|---|---|
| 1 | 2 | 3 | 主对角线的元素是：1, 5, 9, |
| 4 | 5 | 6 | 次对角线的元素是：3, 5, 7, |
| 7 | 8 | 9 | 计算 1+5+9+3+7=25(注意元素 5 只能加 1 次) |

要求：在 main 函数中输入 n 和矩阵，在函数中进行计算，结果作为返回值，最后在 main 函数中输出结果。

(3) 编程实现矩阵加法，编写 3 个函数分别实现：①输入矩阵；②两个矩阵相加；③输出矩阵；要求在 main 中输入两个矩阵，并输出计算结果。

### 5.2.4 实验 4 递归函数与分治算法编程

**1. 实验目的与要求**

(1) 理解递归思想,学会编写递归函数。

(2) 理解分治算法的思想,掌握二分搜索技术。

**2. 实验题目**

(1) 阅读以下程序,先写出程序的运行结果,再上机验证。

```c
#include<stdio.h>
#define   N   5
void fun(int a[N], int i)
{
    int   temp;
    if(i==N/2)  return;
    else
      {  temp=a[i];
          a[i]=a[N-i-1];
          a[N-i-1]=temp;
          fun(a, i+1);
      }
}
void main()
{
    int   i, x[N]={1, 3, 5, 7, 9};
    fun(x, 0);
    for(i=0; i<N; i++)
       printf("%2d", x[i]);
}
```

(2) 编写递归函数计算 1~n 的和,其中 n 由键盘输入。

(3) 编程用递归法求两个整数的最大公约数。用两种方法实现:

方法 1:用递归实现辗转相除法。

方法 2:设两个整数为 x、y:

如果 x=y,则最大公约数与 x 值(y 值)相同;

如果 x>y,则最大公约数与 x−y 和 y 的最大公约数相同;

如果 x<y,则最大公约数与 x 和 y−x 的最大公约数相同。

### 5.2.5 实验 5 变量的存储类别、内部与外部函数编程

**1. 实验目的与要求**

(1) 掌握变量的作用域,理解局部变量和全局变量。

(2) 掌握静态局部变量的使用方法。

(3) 掌握内部、外部函数的定义与调用。

### 2. 实验题目

(1) 阅读以下两个程序,先写出程序的运行结果,再上机验证。

程序 1(局部变量和全局变量及函数的嵌套调用)

```c
#include<stdio.h>
int  z;
int fun1(int x)
{
    if(x>0)  return (1);
    else    if(x<0)  return (-1);
            else  return (0);
}
int fun2(int x)
{
    z=z-x;
    return (fun1(x));
}
void main()
{
    int a1, a2;
    z=10;
    a1=fun2(10) * fun2(z);
    printf("a1=%d, z=%d\n", a1, z);
    z=10;
    a2=fun2(z) * fun2(10);
    printf("a2=%d, z=%d\n", a2, z);
}
```

程序 2(静态局部变量)

```c
#include<stdio.h>
int fun(int a);
void main()
{
    int  i, t, n=1;
    for(i=0; i<3; i++)
    {
        t=fun(n);
        printf("i=%d, t=%d\n", i, t);
    }
}
int fun(int a)
{
    static int b=2;
    a++;
    b=a+b;
    return (b);
}
```

（2）编程实现输入一行字符，分别统计其中字母、数字和其他字符的个数。

要求：在 main 函数中输入一行字符，在函数中进行统计，最后在 main 函数中输出统计结果，用全局变量实现。

（3）编程实现输入 x 和 n，逐一计算出 $x^1 - x^n$ 的值，要求编写一个函数计算 $x^n$，并使用静态局部变量存放计算结果。

（4）编程计算 $1+1/2!+1/3!+\cdots+1/n!$。

要求：编写 3 个函数，①fun1 函数求阶乘；②fun2 函数求和；③main 函数，在 main 中输入 n，调用 fun1 函数，而 fun1 函数又调用 fun2 函数，最后在 main 中输出计算结果；将 fun1 和 fun2 都定义成外部函数。

## 5.3　常见错误及解决方法

（1）错误定义函数返回值类型。

① 函数无返回值，却定义了函数返回值类型。

例如：

```
int list(void)
{
    printf("Welcome!\n");
}
```

list 函数只是输出一行信息，并不需要返回值，在定义函数时，却在函数名前写 int，而在函数体内又没写 return 语句，编译时会出现以下错误信息：

```
error C4716: 'list' : must return a value
```

错误 C4716：'list'必须返回一个值

解决方法：将返回值类型 int 改写为 void。

list 函数的正确写法是：

```
void list(void)
{
    printf("Welcome!\n");
}
```

② 函数需要返回值，却将函数定义成无返回值。

例如：

```
void add(int x, int y)
{
    int z;
    z=x+y;
    return (z);
}
```

add 函数是计算两个数的和并返回结果，在函数体内明明写了 return 语句，却将函数返

回值类型写成 void,编译时会出现以下错误信息:

```
error C2562: 'add' : 'void' function returning a value
```

错误 C2562：'add'：无返回值的函数返回了一个值

解决方法：如果需要将函数内的计算结果带回,供主调函数使用,则该函数必须定义返回值类型。

add 函数首部的正确写法是：

```
int add(int x, int y)
```

③ 定义的函数返回值类型与实际上返回数据的类型不一致。

例如：

```
int fun(float x)
{
    float y;
    y=x/2.0;
    return (y);
}
```

fun 函数要返回 y 的值,虽然在函数内将 y 定义为 float 型,但是在函数首部却将函数返回值类型定义为 int 型,编译时会出现以下警告信息：

```
warning C4244:'return':conversion from 'float' to 'int',possible loss of data
```

警告 C4244：'return'：从'float'转换为'int',可能丢失数据

设函数调用时,实参为 8.6,则执行 fun 函数后,返回值是整数 4,而不是实数 4.3。这是因为 C 语言规定,若定义函数时指定的函数返回值类型与 return 语句中的表达式的类型不一致,则以定义的函数返回值类型为准,对于数值型的数据,系统会自动进行类型转换。

解决方法：函数返回值类型与 return 语句中的表达式的类型应保持一致。

④ 企图返回数组的全部元素值。

例如：

```
int input(int a[10])
{
    int i;
    for(i=0;i<10;i++)
        scanf("%d", &a[i]);
    return (a[10]);
}
```

input 函数的功能输入数组 a 的全部元素,这里企图用 return (a[10]);语句返回数组 a 的全部元素,这是错误的,因为 return (a[10]);实际上是返回了数组元素 a[10] 的值,但是对数组 a 来说,它的元素是 a[0]~a[9],而 a[10] 是一个非法元素,a[10] 的值是不确定的。

解决方法：用数组名作函数参数时,因为形参数组和实参数组实际上使用的是同一块存储空间,所以一般不需要定义返回值。

以上 input 函数的正确写法是：

```
void input(int a[10])
{
    int i;
    for(i=0;i<10;i++)
        scanf("%d", &a[i]);
}
```

（2）函数参数定义与使用方面的错误。

① 定义函数时，多个形参类型相同时，只写一个数据类型。

例如：

```
int add(int x, y)
{
    int z;
    z=x+y;
    return (z);
}
```

编译时会出现以下错误：

error C2061: syntax error : identifier 'y'

错误 C2061：标识符'y'语法错误

解决方法：每个形参前都必须写数据类型，即使两个形参的类型相同，也不能省略其中一个不写。

② 定义函数时，只写形参类型不写参数名，或者只写形参名不写参数类型。

例如：                                   或：

```
float fun(float)                    float fun(x)
{                                   {
    float y;                            float y;
    y=x/2.0;                            y=x/2.0;
    return (y);                          return (y);
}                                   }
```

编译时会出现以下错误：

error C2065: 'x' : undeclared identifier

错误 C2065：'x'：未声明的标识符

解决方法：在函数声明时允许只写参数类型不写参数名，但是在函数定义时，每个形参都必须写出参数类型和参数名。

③ 调用函数时，实参的个数、类型、顺序与形参不一致。

例如：

```
void fun(int x, float y[]);                //函数声明
```

```
void main()
{
    float a, b[10];
        ...
    fun(6);                        //实参个数少一个
    fun(a, b);                     //实参 a 的类型与形参 x 不一致
    fun(b, a);                     //实参的书写顺序与形参不一致
        ...
}
```

解决方法：调用函数时，实参的个数、类型、顺序必须与形参一一对应。

(3) 定义函数时，在函数体内定义的局部变量与参数重名。

例如：

```
void fun(int a[], int n)
{
    int a[10], i;
    ...(略)
}
```

编译时会出现以下错误：

error C2082: redefinition of formal parameter 'a'

错误 C2082：重复定义形参'a'

解决方法：函数内部定义的局部变量不能和形参重名，因为形参也是函数的局部变量。

(4) 设函数原型为：void fun(int a[10]);以下 3 种函数调用都是错误的：

```
① void fun(int a[10]);          //把函数调用写的和函数声明一样
② fun(int a[10]);               //函数调用时实参前面不能写数据类型 int
③ fun(a[10]);                   //数组名作函数参数时,不能写上数组长度
```

解决方法：用数组作函数参数时，函数调用的正确写法是：**函数名（数组名）**；以上 fun 函数的正确调用为：

```
fun(a);
```

(5) 函数声明和函数定义常出现的问题。

① 函数调用出现函数定义之前，且没有进行函数声明。

例如：

```
#include<stdio.h>
void main()
{
    float a, b;
    scanf("%d", &a);
    b=fun(a);
    printf("b=%f\n", b);
}
```

```
float fun(float x)
{
    float y;
    y=x/2.0;
    return (y);
}
```

编译时会出现以下错误：

error C2065: 'fun' : undeclared identifier

错误 C2065：'fun': 未声明的标识符

解决方法：

- 将 fun 函数的定义写在 main 函数定义之前，这种方法适用于源程序文件中函数很少的情况，且各个函数之间没有太多的调用关系，用户完全能够按照函数的调用关系对函数排序，依次写出各函数定义。

上例可写为：

```
#include<stdio.h>
float fun(float x)
{
    float y;
    … (略)
}
void main()
{
    float a, b;
    … (略)
}
```

- 在主调函数对被调函数进行声明。

```
#include<stdio.h>
void main()
{
    float a, b;
    float fun(float x);                //在 main 函数中进行函数声明
      … (略)
}
float fun(float x)
{
    float y;
    … (略)
}
```

- 如果函数数量很多，且函数间存在复杂的调用关系，最好在所有函数的外面，在程序的开头集中进行函数声明。

例如:

```
#include<stdio.h>
float fun(float x);                    //在所有函数外进行函数声明
void main()
{
    float a, b;
    …(略)
}
float fun(float x)
{
    float y;
    …(略)
}
```

② 在函数定义时,函数首部加分号;或是在函数声明时末尾不加分号。

解决方法:函数定义时其后不加分号;函数声明时末尾必须加分号。

③ 函数声明和函数定义不一致。

例如,函数定义如下:

```
float fun(float x)
{
    float y;
    …(略)
}
```

以下是错误的函数声明:

```
fun(float x);                    //没写函数返回值类型
int fun(float x);                //函数返回值类型与函数定义中的不一致
float fun(int x);                //参数 x 的类型与函数定义中的不一致
float fun(float x,float y);      //参数个数与函数定义中的不一致
```

解决方法:可先定义函数,然后拷贝函数首部,其后加上分号即为函数声明。

(6)定义函数时经常出现的几种不良情况。

① 未理解函数参数的作用,设置过多的函数参数。

例如:

```
int maxfun(int a[10], int i, int max)
{
  max=a[0];
  for(i=1; i<10; i++)
          if(a[i]>max)  max=a[i];
  return (max);
}
```

maxfun 函数的功能是找出数组 a 中的最大元素,函数定义了 3 个参数,实际上 i 和 max

都应该作为函数的局部变量而非参数,因为 i 是用作循环控制变量,而 max 是用来存放最大元素,这两个变量的数据并不需要从主调函数中获得。

② 定义较多的全局变量来传递数据,而不设置函数参数。

这样做是不可取的,因为全局变量可以被多个函数使用,在程序运行过程中,全局变量的值可能会经常发生变化,程序的可读性较差。

③ 函数代码过长。

经验表明,超过 500 行的函数出错的可能性较高,而小于 143 行的函数更容易维护。当一个函数的代码太长时,建议继续细分函数。

④ 定义一个函数能够完成两个以上的功能。

这样做出错率高且不易维护,不符合模块化的程序设计准则,我们希望的是一个函数能够完成一个功能。

(7) 编写递归函数时容易出现的错误。

① 没有对输入的数据进行合法性检查,当输入非法数据时也执行递归,导致递归不能结束。

例如:计算 n 的阶乘,输入的 n 应该大于 0,若 n 小于 0 则不应该进行计算。如果不对输入的 n 进行判断,当 n 小于 0 时也会进行递归,这样肯定会出错的。

② 没有正确设置递归的结束条件,导致运算结果错误。

例如:递归求 a 的 n 次幂,$a^n = a * a^{n-1}$,其中要求 n 是大于等于 0 的。

```c
float fun(float a, int n)
{
    if(n<0)
        { printf("输入数据错误\n"); exit(0); }
    else
        return (a * fun(a, n-1));
}
```

设函数调用为:fun(2,3);则运算结果为:输入数据错误。这是因为进行递归调用后,n 的值不断减小,最后 n=-1,满足"n<0"的条件,所以输出上述信息,并退出程序。以上递归函数的正确写法如下:

```c
float fun(float a, int n)
{
    if(n<0)
        { printf("输入数据错误\n");exit(0);}
    else
        { if(n==0)  return (1);
          if(n==1)  return (a);
          return (a * fun(a,n-1));
        }
}
```

# 第 6 章

指针

## 6.1 学 习 要 点

（1）指针变量是用来存放其他变量的地址的变量。通过指针可以访问其他变量的值。指针变量定义的一般形式为：

类型标识符 * 指针变量名;

指针变量使用之前必须先赋值,指针变量的赋值只能赋予地址。未经赋值的指针变量不能使用,否则将造成系统混乱。

（2）指针变量作为函数的参数,可以实现函数之间多个数据的传递。当形参为指针变量时,其对应实参可以是指针变量或存储单元地址。

（3）C 语言中允许一个函数的返回值是一个指针(即地址),这样的函数称为返回指针值的函数。其定义形式为：

类型说明符 * 函数名 (形参表)
{
    函数体语句;
}

（4）在 C 语言中,一个函数在内存中占用一段连续的存储空间,这段存储空间的首地址称为函数的入口地址,通过函数名就可以得到这一地址。可以把函数的入口地址赋给一个指针变量,使该指针变量指向该函数,然后通过指针变量就可以找到并调用这个函数。

定义指向函数的指针变量的一般形式为：

类型标识符 ( * 指针变量名) ();

（5）定义一个指向一维数组的指针变量。

例如：

```
int a[5]={1,3,5,7,9}, * p;
p=a;                              //或 p=&a[0];
```

C 语言规定,数组名代表数组的首地址,也就是第 0 个元素的地址,所以上面两个赋值语句是等价的。

如果 p 的初值为 a,则:

① p+i 和 a+i 就是 a[i]的地址,它们指向 a 数组的第 i 个元素。

② *(p+i)或*(a+i)就是 p+i 或 a+i 所指向的数组元素,即 a[i]。

③ 指向数组的指针变量也可以带下标,如 p[i]与*(p+i)等价。

④ 指针变量可以实现本身的值的改变,如:p++;若 p 原来指向 a[0],执行 p++后,p 指向 a[1]。但是 a++是非法的,因为 a 是数组名,它是数组的首地址,是一个地址常量。

(6) 二维数组的地址表示:设有定义 int a[3][4];可以把二维数组 a 理解成一个一维数组,它有 3 个元素:a[0],a[1],a[2],而每一个元素又是一个一维数组,包含 4 个元素,如 a[0]是一维数组,它有 4 个元素:a[0][0],a[0][1],a[0][2],a[0][3]。

a 是二维数组名,整个二维数组的首地址,也是二维数组第 0 行的首地址,a 等价于 &a[0],类似的,a+1 等价于 &a[1],代表第 1 行的首地址,a+2 等价于 &a[2],代表第 2 行的首地址。

既然 a[0],a[1],a[2]是一维数组名,它们就代表了一维数组的首地址,因此 a[0]代表了第 0 行第 0 列元素的地址,即 a[0]等价于 &a[0][0],类似地,a[1]等价于 &a[1][0],a[2]等价于 &a[2][0]。

假设用符号"⟺"表示"等价于",因 *a⟺*(&a[0])→a[0]⟺&a[0][0],所以 *a⟺ a[0]⟺&a[0][0],可以推导出:

```
* a+1⟺a[0]+1⟺&a[0][1]
* (a+1)⟺a[1]⟺&a[1][0]
* (a+2)+3⟺a[2]+3⟺&a[2][3]
```

由上可以总结出:*(a+i)+j⟺a[i]+j⟺&a[i][j],代表数组元素 a[i][j]的地址,而 *(*(a+i)+j)⟺*(a[i]+j)⟺a[i][j],代表数组元素 a[i][j]。

(7) 指向二维数组的指针变量有两种情况:

① 指向数组元素的指针变量。

例如:

```
int a[3][4], * p;
p= * a; 或 p=a[0]; 或 p=&a[0][0];
```

② 指向一个一维数组的指针变量,说明的一般形式为:

类型说明符(* 指针变量名)[长度];

例如:

```
int a[3][4],(* p)[4];
p=a; 或 p=&a[0];
```

(8) 指向字符串的指针称为字符指针,其定义形式为:

char *指针变量名;

① 字符串指针变量本身是一个变量,只能用于存放字符串的首地址。而字符串本身是

存放在以该首地址为首的一块连续的内存空间中并以'\0'作为串的结束。通常情况下,用字符数组来存放字符串,而用字符串指针变量来指向该字符数组。

② 字符数组不允许进行赋值操作,而字符串指针变量可以直接赋值。

例如:

```
char * p1, * p2="China";            //对 p2 进行初始化
p1="Welcome";                       //对 p 进行赋值
```

(9) 指针数组是指一个数组的元素均为指针类型的数据,指针数组的所有元素都必须是具有相同存储类型和指向相同数据类型的指针变量。

指针数组说明的一般形式为:

类型说明符 * 数组名[数组长度];

指针数组应用最多的是"字符型指针数组",利用字符指针数组可以指向多个长度不等的字符串,使字符串处理起来更方便、灵活,节省内存空间。

(10) 二级指针是指在一个指针变量中存放的是另一个指针变量的地址。二级指针的定义形式为:

类型说明符 **指针变量名;

例如:

```
int  x, * q,**p;
x=36;                               //x 是一个整型变量
q=&x;                               //q 是一个指针变量,它指向整型变量 x
p=&q;                               //p 是一个二级指针变量,它指向指针变量 q
```

**注意**:p=&x;是错误的。

(11) 动态内存分配是在程序运行时为程序分配内存的一种方法。有关动态内存分配有如下 3 个函数:

① malloc 函数

函数原型:

```
void * malloc(unsigned int  size);
```

函数功能:在内存开辟一个长度为 size 个字节的连续的存储空间,返回一个指向该存储区首地址的指针,若系统不能提供足够的内存单元(分配失败),函数将返回空指针 NULL。

例如:

```
int * p=NULL;
p=(int * ) malloc(sizeof(int));
```

② calloc 函数

函数原型:

```
void * calloc(unsigned int  num,unsigned int  size);
```

函数功能：给若干同一类型的数据项分配连续的存储空间，其中每个数据项的长度单位为字节，若函数调用成功，返回一个指向该存储区的首地址，若函数调用失败返回空指针 NULL。

例如：

```
float * p=NULL;
p=(float * ) calloc(10, sizeof(float));
```

③ free 函数

函数原型：

```
void  free(void * p);
```

函数功能：释放动态申请的由指针变量 p 所指向的存储空间。说明：

**注意**：指针变量 p 的值不是任意的地址，必须是程序中执行 malloc 或 calloc 函数所返回的地址。

# 6.2　实　验　内　容

## 6.2.1　实验 1　指向变量的指针变量编程

### 1. 实验目的与要求

(1) 理解指针的概念。

(2) 掌握指针变量的定义与使用。

(3) 掌握指针变量作为函数参数的使用方法。

### 2. 实验题目

(1) 阅读以下程序，设输入是 1　3　5↙，写出程序的运行结果，再上机验证。

```
#include<stdio.h>
int fun(int * p)
{
    int s=10;
    s=s+* p;
    return (s);
}
void main()
{
    int i, a, b, * p;
    for(i=0; i<3; i++)
    {
        p=&a;
        scanf("%d", p);
        b=fun(p);
        printf("b=%d\n", b);
    }
}
```

（2）用指针变量编程，求数组中的最大元素和最小元素。

（3）编写函数实现两个数的交换（用指针变量作函数参数），利用该函数交换数组 a 和 b 中对应元素的值。（注意：调用函数时实参应为什么值）

例如：已知数组

a[5]={1, 2, 3, 4, 5}；  b[5]={6, 7, 8, 9, 10}；

a 和 b 中对应元素交换后：

a[5]={6, 7, 8, 9, 10}；  b[5]={1, 2, 3, 4, 5}；

## 6.2.2  实验 2  字符指针编程

### 1. 实验目的与要求

（1）理解字符指针的概念。

（2）掌握字符指针的定义与使用。

### 2. 实验题目

（1）阅读以下程序，先写出程序的运行结果，再上机验证。

```c
#include<stdio.h>
#include<string.h>
void main()
{
    char * p1, * p2, a[20]="language", b[20]="programme";
    int  k, len;
    p1=a;
    p2=b;
    len=strlen(b);
    for(k=0; k<len; k++)
    {
        if(* p1== * p2)  putchar(* p1);
        p1++;
        p2++;
    }
}
```

（2）请改正程序中的错误，使程序能得出正确的结果。下列给定程序中，函数 fun 的功能是：分别统计字符串中大写字母和小写字母的个数。

例如：字符串为"ABcdBC♯2cdEFghab"，则应输出：

```c
upper=6,lower=8
#include<stdio.h>
void fun(char * s, int a, int b)
{
    while(* s)
    {
        if(* s>='A' && * s<='Z')  a++;
```

```
            if( * s>='a' && * s<='z')   b++;
            s++;
        }
}
void main()
{
    int   upper=0, lower=0;
    char   s[80];
    gets(s);
    fun(s, &upper, &lower);
    printf("\n upper=%d, lower=%d\n", upper, lower);
}
```

（3）用字符指针编程求出字符串中指定字符的个数。

例如：假设字符串为："abcdaghckpamn"，指定字符为'a'，则结果为3。

要求：从 main 函数输入字符串和指定字符，输出结果。

（4）编程实现输入一个字符串，将其中连续的数字作为一个整数，依次存放到数组 a 中。

例如：字符串为"ab123&gh6741kpen589"，则将 123 存在 a[0]中，6741 存在 a[1]中，589 存在 a[2]中。

## 6.2.3　实验3　指向一维数组的指针变量编程

**1. 实验目的与要求**

（1）理解指针与数组之间的关系。

（2）掌握用指针变量引用数组元素的方法。

（3）掌握用指向一维数组的指针变量编程。

**2. 实验题目**

（1）阅读以下程序，先写出程序的运行结果，再上机验证。

```
#include<stdio.h>
void main()
{
    int   a[10]={0, 1, 2, 3, 4, 5, 6, 7, 8, 9};
    int   i, n, temp, * p;
    printf("输入 n(n<10):");
    scanf("%d", &n);
    for(i=1; i<=n; i++)
    {
        temp= * (a+9);
        for(p=a+9; p>a; p--)
            * p= * (p-1);
        * a=temp;
    }
    for(i=0;i<10;i++)
        printf("%3d", * (a+i));
```

```
        printf("\n");
    }
```

（2）已知一个整型数组，编程将其数组元素的值改为当前元素与相邻的下一个元素的乘积，数组的最后一个元素改为它与第 0 个元素的乘积，要求用指针变量实现。

例如：已知 a[5]={1，2，3，4，5}；计算后 a[5]={2，6，12，20，10}。

（3）编程实现找出数组 a[10]中的最大数和最小数，然后将最小数与元素 a[0]交换，将最大数与元素 a[9]交换，要求用指针变量实现。

例如：

a[10]={3，5，1，6，9，8，0，7，2，4}；

找出最小数为 0，它与 3 交换；最大数为 9，它与 4 交换

最后数组

a[10]={0，5，1，6，4，8，3，7，2，9}

### 6.2.4 实验 4 指向二维数组的指针变量编程

**1. 实验目的与要求**

（1）理解二维数组的地址表示方法。

（2）掌握用指针变量表示二维数组的元素和元素的地址。

（3）掌握用指向二维数组的指针变量的使用。

**2. 实验题目**

（1）阅读以下程序，假设输入数据如下：

$$2 \quad 5 \quad 7 \quad 0 \swarrow$$
$$1 \quad -4 \quad 3 \quad 8 \swarrow$$
$$9 \quad 6 \quad -2 \quad 5 \swarrow$$

先写出程序的运行结果，再上机验证。

```c
#include<stdio.h>
#define N 3
#define M 4
void input(int a[N][M]);
void output(int (* p)[M]);
void main()
{
    int   num[N][M], i, j, flag;
    printf("输入二维数组 num[%d][%d]的数据：\n", N, M);
    input(num);
    printf("二维数组的数据如下：\n");
    output(num);
    flag=0;
    for(i=0; i<N && !flag; i++)
        for(j=0; j<M && !flag; j++)
```

```
            flag= * (num[i]+j)<0;
        if(flag)
            printf("num[%d][%d]=%d\n",i-1,j-1,num[i-1][j-1]);
        else  printf("查找失败!\n");
}
void input(int a[N][M])
{
    int  i, j;
    for(i=0; i<N; i++)
        for(j=0; j<M; j++)
        scanf("%d", a[i]+j);
}
void output(int(* p)[M])
{
    int  i, j;
    printf("\n");
    for(i=0; i<N; i++)
    {
        for(j=0; j<M; j++)
        printf("%3d", * (* (p+i)+j));
        printf("\n");
    }
}
```

(2) 用一个二维数组 score[4][3]来存放 4 个学生 3 门课的成绩,编程实现:

① 输入学生成绩;

② 求出每个学生的平均分,将其保存在数组 a[4]中;

③ 求出每门课程的平均成绩,将其保存在数组 b[3]中;

④ 输出数组 a、b 中成绩。

要求:用指向二维数组元素的指针变量实现。

(3) 编写函数求出二维数组中指定行和指定列的元素,要求:在 main 函数中输入数组元素,并输出结果,必须用指向二维数组的指针变量作函数参数实现。

## 6.2.5　实验 5　动态数组编程

### 1. 实验目的与要求

(1) 掌握返回指针值的函数的定义与使用。

(2) 掌握动态内存分配函数的调用方法。

(3) 掌握动态一维数组的使用。

### 2. 实验题目

(1) 阅读以下程序,先写出程序的运行结果,再上机验证。

```
#include<stdio.h>
#include<string.h>
char * fun(char * s);
```

```c
void main()
{
    char * cp, str[]="china*****";
    puts(str);
    cp=fun(str);
    puts(cp);
}
char * fun(char * s)
{
    char * p;
    int len;
    len=strlen(s);
    p=s+len-1;
    while(p-s>=0 && * p=='*')
        p--;
    * (p+1)='\0';
    return (s);
}
```

(2) 用动态一维数组编程实现将输入的任意位数的整数转换成字符串输出。
例如:

输入:42768↙  转换成字符串:

| '4' | '2' | '7' | '6' | '8' | '\0' |
|-----|-----|-----|-----|-----|------|

提示:
① 输入整数后应先计算出它的位数;
② 根据位数动态定义字符数组的大小;
③ 设法取该整数的个位数,将其转换成对应的字符,并把它存放在字符数组中,然后使原整数改变,再重复前面的操作。
(3) 用动态数组编程实现计算 n * n 矩阵的主对角线元素之和。

# 6.3  常见错误及解决方法

(1) 混淆变量声明中的'*'号和使用指针变量时的'*'号。
例如:

```c
int * p, x=10;
* p=&x;                          //赋值语句错误
```

解决方法:变量声明中的'*'号是表示该变量是指针类型的变量,而在指针变量时的'*'号是"指针运算符",它的作用是取指针变量所指向的存储单元的内容(即取指针变量所指向的变量)。上例正确写法是:

```c
p=&x;                           //令指针变量 p 指向变量 x
```

```
* p=20;                              //令 p 指向的存储单元赋值为 20,等价于 x=20;
```

（2）在指针变量进行指针运算之前没有给它赋值。

例如：

```
int * p;
* p=10;                              //赋值错误
```

指针变量 p 指向的是一个随机的内存地址,执行 * p=10;时,程序则会在 p 所指向的随机位置处写入一个 10,这时程序有可能立即崩溃,也可能等上半小时然后崩溃,或者破坏程序另一部分的数据。编译时会出现以下警告信息：

```
warning C4700: local variable 'p' used without having been initialized
```

警告 C4700：局部变量'p'在使用前未初始化

解决方法：必须先对指针变量进行赋值,令指针变量指向一个明确的存储空间,再对指针变量进行指针运算。上例正确写法是：

```
int * p, x;
p=&x;                                //对指针变量 p 进行赋值,令 p 指向 x
* p=10;                              //对指针变量 p 进行指针运算
```

另外,直接使用空指针也是错误的。

例如：

```
int * p=NULL;                        // p 不指向任何内存地址
* p=10;                              //无效的空指针引用
```

（3）不同类型的指针混用。

例如：

```
int a=3, * p1;
float b=1.5, * p2;
p1=&a;                               //正确
p2=p1;                               //错误,p2 和 p1 的类型不同,不能进行赋值
```

解决方法：相同类型的指针变量之间才能进行赋值。

（4）不明确指针变量的当前指向时,使用该指针变量。

例如：

```
#include<stdio.h>
void main()
{
    int * p, a[3], i, n=1;
    for(p=a; p<a+3; p++)
        * p=n++;
    for(i=0; i<3; i++, p++)
        printf("%d ", * p);
```

程序的输出结果不是 1 2 3，而是 1245052 1245120 4198713。这是因为在第 1 个 for 循环结束时，指针变量 p 已经指向数组 a 的末尾了，在执行第 2 个 for 循环时，p 的起始值是 a ＋3，依次输出 a＋3、a＋4、a＋5 中的内容，即输出了 3 个随机数。

解决方法：使用指针变量时必须明确指针变量当前所指向的位置。

上例中要想正确输出数组 a 的元素，第 2 个 for 循环应该改为：

```
for(i=0,p=a; i<3; i++, p++)
    printf("%d ",*p);
```

（5）混淆数组名与指针变量的区别。

例如：

```
#include<stdio.h>
void main()
{
    int  i, * p, a[5]={3, 5, 6, 8, 9};
    for(i=0; i<5; i++)
        printff("%d", a++);          //a++错误
        p=a;
        for(i=0; i<5; i++)
            printff("%d", p++);      //p++正确
}
```

解决方法：必须牢记数组名是一个地址常量，它的值是不可以改变的，而指针变量的值是可以变化的，因此对指针变量可以进行自加运算，对数组名则不行。

（6）使用字符指针时可能出现以下错误。

例如：

```
char * p1,* p2, * p3="hello";        //对 p3 初始化是正确的
p1="good";                           //对 p1 赋值是正确的
gets(p2);                            //或用 scanf("%s", p2);输入都是错误的
```

使用字符指针变量时，没对指针变量进行赋值，就执行输入操作是错误的，因为字符指针变量指向一个随机的内存地址，程序无法将输入的数据存放到内存中的一个随机位置，编译时会出现警告，程序执行时也会出现运行错误。

解决方法：对字符指针变量进行输入操作时，要确保该指针变量指向确定的内存单元。字符指针变量正确的使用方法是：

```
char * p, a[10];
p=a;                                 //令 p 指向字符数组 a
gets(p);                             //或 scanf("%s", p);
```

（7）用指向数组元素的指针变量指向一个二维数组。

例如：

```
int a[3], b[2][3];
int * p;
```

```
p=a;                          //令 p 指向一维数组是正确的
p=b;                          //错误,因为二维数组名表示数组第 0 行的地址
```

解决方法:指向数组元素的指针变量不能直接赋值为一个二维数组名,必须定义一个指向一维数组的指针变量。

正确方法是:

```
int b[2][3];
int(*p)[3];
p=b;
```

(8) 使用动态内存分配函数时经常出现的错误。

① 使用 malloc()或 calloc()函数时,忘记进行强制类型转换。

例如:

```
int * p;
p=malloc(sizeof(int));
```

解决方法:使用 malloc()或 calloc()函数必须使用强制类型转换。

上例应改为:

```
p=(int * )malloc(sizeof(int));
```

② 忘记使用 free()函数释放 malloc()或 calloc()函数申请的内存空间。

解决方法:如果不需要继续使用动态分配的内存空间,一定要用 free()函数将该内存空间释放。

③ 使用 free()函数释放系统分配给变量的内存空间。

例如:

```
int a, * p;
p=&a;
free(p);                      //错误
```

以上代码编译时不会提示错误,但在运行时会出现错误。

解决方法:free()函数中的参数 p 的值不是任意的地址,必须是程序中执行了动态分配函数(malloc()或 calloc())所返回的内存地址。

# 第 7 章

## 结构体与链表

## 7.1 学 习 要 点

(1) 结构体是一种构造数据类型,它由若干"成员"组成的,结构体成员也可以是一个结构体变量(结构体允许嵌套结构),结构体类型的一般定义形式为:

```
struct 结构体类型名
{
    类型名 1   成员名表 1;
    类型名 2   成员名表 2;          成员表列
         ⋮        ⋮
    类型名 n   成员名表 n;
};
```

(2) 定义结构体变量有以下三种方法。

① 先定义结构体类型,再定义结构体变量;

② 在定义结构体类型的同时定义结构体变量;

③ 直接定义结构体变量。

(3) 在程序中使用结构体变量时,除了允许具有相同类型的结构体变量进行"整体"赋值操作以外,一般对结构体变量的使用,如赋值、输入、输出、运算等都是通过结构体变量的成员来实现的。结构体变量成员的一般形式为:

结构体变量名.成员名

(4) 对结构体变量进行初始化时,将数据按照结构体中成员的顺序依次放在一对花括号中。初始化时,可以只给前面的若干个成员赋初值,对于后面未赋初值的成员,系统会自动赋初值,数值型数据赋初值为 0,字符型数据赋初值为'\0'。

(5) 结构体数组的每一个元素都是具有相同结构体类型的变量。定义结构体数组和定义结构体变量相似,也有 3 种方式,只需说明它为数组类型即可。

(6) 结构体数组初始化时可以将每个元素中成员的初值依次放在一对花括号内,以便区分各个元素。

(7) 结构体类型的指针变量是指向一个结构体变量的指针变量。结构体指针变量中的值是所指向的结构体变量的首地址。结构体指针变量的一般定义形式为：

struct 结构体名 ＊结构体指针变量名

(8) 通过结构体指针变量，可以访问结构体变量的各个成员，访问结构体成员的方法有以下两种：

① (＊结构体指针变量).成员名
② 结构体指针变量->成员名

(9) 结构体变量作函数参数，要求实参与形参是同一种结构体类型，函数调用时，将实参的值传给形参，在函数执行过程中，形参的任何修改、变化都不会影响实参的值。

(10) 结构体指针变量(或结构体数组名)作函数实参，在函数调用时，形参实际上得到是一个地址，此时在函数执行过程中，形参的任何变化都会影响实参。

(11) 结构体类型也可以作为函数返回值的类型，其一般形式如下：

结构体类型名　　函数名(形参表)
　{　函数体；　}

(12) 链表是一种常见的动态地进行内存分配的重要数据结构，链表是由结点组成的，用户可以根据需要随时添加或删除结点。

(13) 结点是一个结构体类型的数据，每个结点包括两部分，一部分是数据成员，用于存储数据项；另一部分是指针成员，用于存储下一结点的首地址。

(14) 建立动态链表，是指在程序执行过程中从无到有地建立起一个链表，即一个一个地开辟结点和输入各结点数据，并建立起结点间的链接关系。

建立链表通常有两种方法：表尾添加法和表首添加法。

(15) 链表的输出也称链表的遍历，就是让一个指针变量依次指向链表中的各个结点，并输出其数据成员的值。

(16) 链表的删除操作，就是将链表中的某个指定的结点从链表中分离出来，不再与链表的其他结点有任何联系，并且释放已删除结点所占据的内存空间。

(17) 链表的插入操作，就是将一个新结点插入到一个已有链表的适当位置。

(18) 共用体类型，就是几个不同类型的变量共占一段内存的结构。

① 共用体类型的一般形式为：

union　共用体类型名
{
　　类型名 1　　共用体成员名 1；
　　类型名 2　　共用体成员名 2；
　　　　⋮　　　　　⋮
　　类型名 n　　共用体成员名 n；
};

② 共用体变量的说明和结构体变量的说明方式相同，也有 3 种形式：先定义类型，再说明变量；定义类型的同时说明变量；直接说明变量。

③ 共用体变量的赋值和使用都只能是对变量的成员进行。共用体变量的成员表示为：

共用体变量名.成员名

(19) 枚举类型就是将变量的所有可能取值一一列举出来，变量只能取其中之一的值，取其他值是错误的。定义枚举类型的一般形式为：

enum 枚举类型名 {枚举常量 1,枚举常量 2,…,枚举常量 n};

使用枚举类型数据时，必须注意：①枚举元素是常量，不是变量；②枚举元素有一个序号，从 0 开始，顺序定义为 0,1,2,…；③枚举类型数据可以进行关系运算；④只能把枚举值赋予枚举变量，不能把枚举元素的顺序号直接赋予枚举变量。

(20) 类型定义符 typedef 可用来定义类型说明符，即允许用户为数据类型取"别名"，typedef 定义的一般形式为：

typedef 原类型名　新类型名;

# 7.2 实验内容

## 7.2.1 实验 1　结构体变量与结构体数组编程

**1. 实验目的与要求**

(1) 掌握结构体类型的定义与应用。

(2) 掌握结构体变量的定义与应用。

(3) 掌握结构体数组的定义与应用。

**2. 实验题目**

(1) 阅读以下程序，先写出程序的运行结果，再上机验证。

```c
#include<stdio.h>
#define N 5
struct
{
    int num;
    int con;
}a[N];
void main()
{
    int i, j;
    for(i=0;i<N;i++)
    {
        scanf("%d",&a[i].num);
        a[i].con=0;
    }
    for(i=0;i<N-1;i++)
        for(j=i+1;j<N;j++)
```

```
        if(a[i].num>a[j].num)  a[i].con++;
        else    a[j].con++;
    for(i=0;i<N;i++)
        printf("%d,%d\n", a[i].num, a[i].con);
}
```

（2）找出以下程序的错误并改正。

```
#include<stdio.h>
#include<string.h>
void main()
{
    struct student
    {   int num;
        char name[];
        float score;
    }; stu, * p;
    p=stu;
    stu.num=1001;
    (* p).name="Mary";
    scanf("%f", p->score);
    printf("%6d%10s%6.2f\n", p.num, p->name, p->score);
}
```

（3）定义结构体类型，分别编写函数实现复数的加、减运算，在主函数中调用这些函数进行计算并输出计算结果。

（4）有 10 本图书，每本图书的信息包括书号、书名、作者、价格，编写函数完成以下功能：

① 从键盘输入数据，将其存放在结构体数组中；

② 输入书名，在数组中查找是否存在此书，有此书则输出此书的信息，无此书则输出提示信息；

③ 输入一个价格，将高于此价格的图书信息输出。

## 7.2.2 实验 2 链表基本操作编程

**1. 实验目的与要求**

（1）掌握结点类型的定义和结点指针变量的应用。

（2）掌握链表的建立与输出操作。

（3）掌握链表结点的插入与删除操作。

**2. 实验题目**

（1）阅读以下程序，假设输入数据如下：

0  4  10✓

先写出程序的运行结果，再上机验证。

```
#include<stdio.h>
#include<stdlib.h>
struct node
{
    int data;
    struct node * next;
};
struct node * fun1(void);
void fun2(struct node * head);
struct node * fun3(struct node * head, int n);
void main()
{
    struct node * h;
    h=fun1();       fun2(h);
    h=fun3(h, 0);   fun2(h);
    h=fun3(h, 4);   fun2(h);
    h=fun3(h, 8);   fun2(h);
}
struct node * fun1(void)
{
    struct node * p1, * p2, * q=NULL;
    int i, j=1;
    for(i=0; i<5; i++)
    {
        p1=(struct node * )malloc(sizeof(struct node));
        p1->data=j;
        j=j+2;
        if(q==NULL)  q=p1;
        else   p2->next=p1;
        p2=p1;
    }
    p2->next=NULL;
    return (q);
}
void fun2(struct node * head)
{
    struct node * p;
    p=head;
    while(p!=NULL)
    {   printf("%d ", p->data);
        p=p->next;
    }
    printf("\n");
}
struct node * fun3(struct node * head, int n)
```

```
{
    struct node * p, * q, * s;
    int k;
    p=head;
    s=(struct node * )malloc(sizeof(struct node));
    scanf("%d", &s->data);
    for(k=1; k<n && p!=NULL; k++)
    {   q=p;
        p=p->next;
    }
    if(p==head)   head=s;
    else   q->next=s;
    s->next=p;
    return (head);
}
```

（2）编写函数用表首添加法建立链表，在 main 函数中调用该函数并输出链表，结点信息包括学号、姓名、年龄。

（3）编程实现两个链表的链接，即令链表 a 的最后一个结点指向链表 b 的第 1 个结点，如图 7.1 所示。

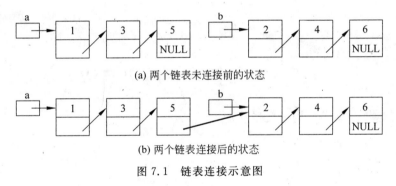

(a) 两个链表未连接前的状态

(b) 两个链表连接后的状态

图 7.1    链表连接示意图

## 7.2.3    实验 3    链表复杂应用编程

**1. 实验目的与要求**

（1）熟练使用结点指针变量。

（2）能够建立一些其他形式的链表。

**2. 实验题目**

（1）编程实现建立一个带有头结点的单链表，头结点的数据成员存放了该链表中的结点个数，如图 7.2 所示。

（2）编程实现链表的逆序，要求在原有结点空间上实现，如图 7.3 所示。

（3）编程实现循环链表的建立和输出，循环链表是指表尾结点的指针成员指向表头结

图 7.2    带头结点的单链表

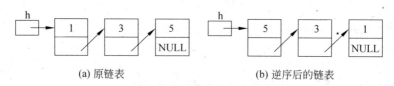

图 7.3　链表逆序示意图

点,整个链表形成一个环,而循环链表一般不设头指针,而设尾指针,如图 7.4 所示。

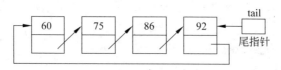

图 7.4　带尾指针的循环链表

（4）编程实现双向链表的建立和输出,双向链表的每个结点有两个指针成员,分别指向其前驱结点和后继结点,如图 7.5 所示。

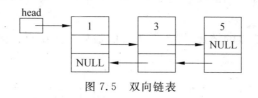

图 7.5　双向链表

# 7.3　常见错误及解决方法

（1）将结构体类型当结构体变量使用。

例如：

```
struct  atype
{
    int x;
    float y;
};
atype.x=10;                    //赋值语句错误,atype 不是变量,它是结构体类型名
```

解决方法：注意区分什么是结构体类型,什么是结构体变量,一般来说,在关键字 "struct"后出现的标识符是结构体类型名,不能将它当做变量使用,而是应该用它来定义结构体变量。

以上程序段可改为：

```
struct  atype
{
    int x;
    float y;
}m;                            //定义结构体变量 m
```

```
m.x=10;                         //对变量 m 的成员 x 进行赋值
```

（2）当结构体类型中有嵌套定义时，经常出现的错误。

① 在结构体内只定义了嵌套的结构体类型，却忘记声明成员变量。

例如：

```
struct person
{
    char name[10];
    struct date                 //定义嵌套的结构体类型 date
    {
        short year;
        short month;
        short day;
    };                          //这里没有声明成员变量 birthday
};
```

解决方法：定义结构体类型后还必须声明成员变量。

② 对嵌套定义的结构体成员引用不正确。

例如：

```
struct person
{
    char name[10];
    struct date
    {
        short year;
        short month;
        short day;
    } birthday;                 //声明成员变量 birthday
}x;
x.year=1998;                    //错误引用成员 year
```

编译时会出现以下错误：

```
error C2039: 'year' : is not a member of 'person'
```

错误 C2039：'year'：不是'person'的一个成员

解决方法：对于嵌套结构体成员的引用，应按从外到内的顺序逐层引用成员名，只能对最内层的成员进行操作。

上例正确的写法是：

```
x.birthday.year=1998;
```

（3）对结构体变量进行整体输入或整体输出。

例如：

```
struct  atype
```

```
{
    int x;
    float y;
}m;
scanf("%d%f", &m);                //整体输入结构体变量 m 是错误的
```

解决方法：结构体变量的输入、输出只能对成员进行。

上例的正确写法是：

```
scanf("%d%f", &m.x, &m.y);
```

另外，具有相同类型的结构体变量可以进行整体赋值。

例如：

```
struct atype m, n;                //声明结构体变量 m,n
m.x=25;  m.y=12.6;                //给结构体变量 m 的成员赋值
n=m;                              //结构体变量整体赋值
printf("%d,%f\n",n.x, n.y);       //输出结构体变量 n
```

(4) 用结构体指针变量引用结构体成员的形式书写错误。

例如：

```
struct   atype
{
    int x;
    float y;
}m, * p;
p=&m;
* p.x=25;                         //错,* p 应用小括号括起来
* p->y=12.6;                      //错,p 前多了 *
```

解决方法：结构体指针变量引用结构体成员的两种正确形式是：

① ( * p).成员名   ② p->成员名

上例中引用结构体成员的正确方法：

```
( * p).x=25;
p->y=12.6;
```

(5) 链表操作中经常出现的错误。

① 建立链表时,最后一个结点的指针成员忘记赋空值(即 NULL)。

② 不能正确写出判断链表是否结束的关系表达式。

③ 不能正确写出令指针变量指向下一个结点的赋值语句。

④ 对于插入结点和删除结点操作,忘记考虑可能会插入和删除表头结点的特殊情况,而这种情况将改变链表头指针的值。

解决方法：理解结点类型的特殊性,理解结点指针变量赋值操作的真正含义,掌握插入和删除结点的正确方法及步骤。

# 第 **8** 章

## 文件

## 8.1　学 习 要 点

（1）文件是指存储在外部介质上的有序数据的集合。C 语言将文件看作是一个字节的序列，根据数据的组织形式把文件分为两类：文本文件和二进制文件。

① 文本文件的每一个字节存放一个字符，每个字符用一个 ASCII 码表示。

② 二进制文件则是以字节为单位存放数据的二进制代码，将存储的信息严格按其在内存中的存储形式来保存。

（2）每一个打开的文件都必须有一个文件指针变量，该指针变量用来存储文件的基本信息，实现对文件的操作。

定义文件指针变量的一般形式为：

```
FILE  * 文件指针变量名;
```

（3）对文件进行的操作几乎都是通过文件处理函数来实现的，分为以下几类：①文件打开与关闭函数；②文件读写函数；③文件定位函数；④文件状态跟踪函数。

（4）文件的打开操作是通过 fopen 函数来实现的，fopen 函数原型：

```
FILE  * fopen(const char * path, const char * mode);
```

如果成功打开文件，fopen 返回文件的地址，否则返回 NULL。

（5）文件的关闭是通过 fclose 函数来实现，fclose 函数原型：

```
int fclose(FILE * fp);
```

当 fclose()正常关闭时将返回 0 值，否则返回非 0 值。

（6）字符读取函数的原型为：

```
int fgetc(FILE * fp);
```

函数功能是从 fp 所指向的文件中读取一个字符，字符由函数返回。读取成功返回输入的字符；遇到文件结束，返回 EOF。

（7）字符写入函数的原型为：

```
int fputc(int ch, FILE * fp);
```

函数功能是将字符 ch 写入 fp 所指向的文件。写入成功,返回写入的字符 ch;写入失败,返回 EOF。

(8) 字符串读取函数的原型为:

```
char * fgets(char * str, int n, FILE * fp);
```

函数功能是从 fp 所指向的文件读 n-1 个字符,并将这些字符存放到以 str 为起始地址的存储单元中,在读入的最后一个字符后自动添加字符串结束标志'\0'。读取数据成功时,返回指针 str;遇到文件结束或出错,则返回 NULL。

(9) 字符串写入函数的原型为:

```
int fputs(char * str, FILE * fp);
```

函数功能是向 fp 所指向的文件写入一个字符串 str。写入成功时返回 0;出错时返回非 0 值。

(10) 对于二进制文件,通常使用数据块读写函数,用来读写一组数据。

函数原型如下:

```
int fread(void * buffer, int size, int count, FILE * fp);
int fwrite(void * buffer, int size, int count, FILE * fp);
```

fread 函数的功能是从文件 fp 当前位置指针处读取 count 个长度为 size 字节的数据块,存放到内存中 buffer 所指向的存储单元中,同时读写位置指针后移 count * size 个字节。

fwrite 函数的功能是将内存中 buffer 所指向的存储单元中的数据写入文件 fp 中,每次写入长度为 size 字节的 count 个数据块,同时读写位置指针后移 count * size 个字节。

如果读取/写入操作成功,函数返回值等于实际读取/写入的数据块的个数(即返回值等于 count 值);若出现错误,或已到达文件尾,则返回值小于 count 值。

(11) 格式化文件读写函数与 printf、scanf 作用基本相同,只是格式化文件读写函数的读写的对象是磁盘文件,fprintf、fscanf 函数的原型如下:

```
fprintf(FILE * fp, 格式控制字符串, 输出列表);
fscanf(FILE * fp, 格式控制字符串, 变量地址列表);
```

fprintf 函数的功能是将输出列表中的数据按指定格式写到 fp 所指向的文件中,返回值为实际写入文件的字符数;输出失败,返回 EOF。

fscanf 函数的功能是按指定格式从 fp 所指向的文件中读取数据,送到对应的变量中。返回值为所读取的数据项个数;如果读取操作失败或文件结束,返回 EOF。

(12) 复位函数的原型为:

```
void rewind(FILE   * fp);
```

函数功能是将文件位置指针重新定位到文件开始的地方。

(13) 随机移动函数的原型为:

```
int fseek(FILE   * fp, long offset, int base);
```

函数功能是将文件位置指针移到以 base 为起始点,offset 为位移量的位置。移动成功返回 0,失败返回非 0 值。

(14) 取当前位置函数的原型为:

`long ftell(FILE·* fp);`

函数功能是返回文件位置指针相对于文件开头的位移量。函数返回文件位置指针距离文件开始处的字节数,若出错则返回－1L。

(15) feof 函数的原型为:

`int feof(FILE * fp);`

函数功能是检测 fp 所指向文件中的文件位置指针是否指向文件尾。若文件结束(即文件位置指针指向文件尾),则返回非 0 值;否则返回 0。

(16) ferror 函数的原型为:

`int ferror(FILE * fp);`

函数功能是检查 fp 所指向的文件在调用各种读写函数时是否出错。若当前读写操作没有出现错误,则返回 0;出错则返回非 0 值。

(17) clearerr 函数的原型为:

`void clearerr(FILE * fp);`

函数功能是使文件错误标志和文件结束标志置为 0。

# 8.2 实 验 内 容

## 8.2.1 实验 1 文件顺序读写编程

### 1. 实验目的与要求

(1) 掌握文件的打开、关闭及字符读写操作。

(2) 掌握文件的字符串读写、数据块读写、格式化读写操作。

(3) 学会综合运用结构体数组和文件编程。

### 2. 实验题目

(1) 阅读以下程序,先写出程序运行后文件中的内容,再上机验证。

```
#include<stdio.h>
#include<stdlib.h>
void main()
{
    FILE * fp;
    int i, j, k;
    if((fp=fopen("file1.txt","w"))==NULL)
    {   printf("Can not open this file!\n");
        exit(0);
    }
    for(i=1; i<=9; i++)
```

```
    {
        for(j=1; j<=i; j++)
        {
            k=i*j;
            fprintf(fp,"%d*%d=%-3d", j, i, k);
        }
        fprintf(fp,"\n");
    }
        fclose(fp);
}
```

(2) 建立一个文件"employee.dat",用来存放 10 名职工的信息,每个职工的信息包括: 编号、姓名、性别、年龄、工资。

(3) 从上题建立的"employee.dat"文件中读出职工信息,并输出到显示器上,然后将姓名和工资信息提取出来,另建一个工资文件"wage.dat"保存此信息。

(4) 输入一个职工的编号或姓名,从"employee.dat"文件中删除该职工的信息,再将剩余职工的信息存回到原文件"employee.dat"中。

## 8.2.2  实验 2  文件随机读写编程

### 1. 实验目的与要求
(1) 掌握文件的定位函数的使用。
(2) 学会灵活运用随机读写对文件中的特定数据进行操作。

### 2. 实验题目
(1) 阅读以下程序,先写出程序的运行结果,再上机验证。

```c
#include<stdio.h>
#include<stdlib.h>
void main()
{
    FILE * fp;
    int i, x, a[10];
    if((fp=fopen("data.txt","wb+"))==NULL)
    {   printf("Can not open this file!\n");
        exit(0);
    }
    for(i=1; i<=10; i++)
    {
        x=i*i;
        fwrite(&x, sizeof(int), 1, fp);
    }
    rewind(fp);
    for(i=1; i<=5; i++)
    {
        fseek(fp, sizeof(int), 1);
```

```
        fread(&x, sizeof(int), 1, fp);
        printf("%4d", x);
    }
    printf("\n");
    fclose(fp);
}
```

（2）对 8.2.1 节中第 2 题建立的文件"employee.dat"进行以下操作,输入一个 1～10 之间的整数 n,然后用随机读写将文件中第 n 个职工的信息读取出来,并输出到显示器上。

（3）对 8.2.1 节中第 2 题建立的文件"employee.dat"进行以下操作,输入一名职工的编号,修改该名职工的工资,然后用随机读写将该职工的信息重新写入文件。注意:程序不要重写全部职工的信息,而是只重写这名职工的信息。

# 8.3　常见错误及解决方法

（1）文件指针变量定义出错的情况。

例如:

```
FILE fp;                        //fp 前未加 * ,错误
File * fp;                      //File 后 3 个字母小写错误
file * fp;                      //file 小写错误
```

**解决方法:**定义文件指针变量时必须用大写的 FILE,变量名前必须加 * 。

（2）程序中忘记用 fclose()函数关闭文件。

**解决方法:**对文件进行读写操作后,不关闭文件可能会丢失数据,使用完文件后必须用 fclose()函数关闭文件。

（3）文件打开方式与文件使用情况不一致。

① 想向文件中写入数据,却用只读方式"r"或"rb"打开文件。

例如:

```
#include<stdio.h>
void main()
{
    FILE * fp;
    char ch;
    if((fp=fopen("file.txt","r"))==NULL)        //只读方式打开
    {   printf("cannot open this file\n");
        exit(0);
    }
    ch=getchar();
    fputc(ch, fp);                              //写入数据错误
    ...
}
```

② 想从文件中读取数据,却用只写方式"w"或"wb"打开文件。

③ 想向文件末尾添加数据，却用只写或读写方式"w"、"wb"或"w＋"、"wb＋"打开文件。

解决方法：应该根据文件的具体使用情况选择相应的文件打开方式。特别注意，若用"w"或"wb"方式打开一个已经存在的文件，会将原文件的数据清空。

（4）使用文件读写函数时经常出现的错误。

① 单字符读写函数中的错误。

例如：

```
fputc('A');                        //少写一个文件指针变量参数
fgetc(fp);                         //从文件中读取一个字符,却没有进行赋值操作
```

以上读写函数的正确形式：

```
fputc('A', fp);                    //加上参数 fp
char ch;
ch=fgetc(fp);                      //将文件中读取的字符赋值给一个字符型变量
```

② 字符串读写函数中的错误。

例如：

```
char str[40];
fgets(str, fp);                    //少写一个控制读取字符个数的参数
fputs(abcd, fp);                   //字符串常量忘记写双引号
```

以上读写函数的正确形式：

```
fgets(str, 10, fp);                //加上参数 10,表示要读取 9 个字符
fputs("abcd", fp);                 //字符串常量必须加双引号
```

③ 数据块读写函数中的错误。

例如：

```
int  i, x, a[10];                  //设定 int 数据占 4 个字节
fread(x, 4, 1, fp);                //x 前未写地址符 &
for(i=0; i<10; i++)
    fread(a[i], 4, 1, fp);         //a[i]前未写'&'
fread(a, 4, 1, fp);                //数据项个数写 1,只能将 a[0]一个元素写入文件
```

以上读写函数的正确形式：

```
fread(&x, 4, 1, fp);               //在 x 前加'&'
for(int i=0; i<10; i++)
    fread(&a[i], 4, 1, fp);        //在 a[i]前加'&'
fread(a, 4, 10, fp);               //数据项个数写 10,将数组 a 的全部元素写入文件
```

解决方法：使用文件读写函数时，一定要严格遵照函数的调用方式，注意参数的正确使用方法。

（5）在不确定文件的读写位置时，对文件进行错误的读或写操作。

例如：

```
#include<stdio.h>
void main()
{
    FILE * fp;
    char ch1, ch2;
    if((fp=fopen("file.txt","w+"))==NULL)
    {   printf("cannot open this file\n");
        exit(0);
    }
    while((ch1=getchar())!='\n')
            fputc(ch1, fp);                //向文件中写入字符
    while(!feof(fp))
    {   ch2=fgetc(fp);                     //从文件中读取一个字符
        putchar(ch2);
    }
}
```

以上程序虽然不会出现编译错误,但会出现运行错误。因为在第 1 个 while 循环执行完后,文件的读写位置指针指向文件末尾,这时再从文件尾读取数据是错误的。

若想读取前面写入文件中的字符,应先将文件位置指针重新指向文件的开头,再进行读操作,以上程序的正确形式是:

```
void main()
{
    FILE * fp;
    char ch1, ch2;
        …
    while((ch1=getchar())!='\n')
        fputc(ch1, fp);
    rewind(fp);                           //令文件位置指针重新指向文件开头
    while(!feof(fp))
        {   …   }
}
```

**解决方法**:对文件进行读写操作时,必须明确文件位置指针当前的指向。

# 第 **9** 章

## 综合程序设计

## 9.1 学 习 要 点

本章介绍 3 个综合性的实例,每个实例都涉及 C 语言中的多个知识点。通过这 3 个实例可以看出结构化程序设计的方法:首先将复杂问题分解成若干个相对独立的较为简单的小问题,根据情况还可以将小问题分解为更小的问题,然后逐一加以解决,将每个独立的小问题编写成函数,最后通过对各函数的调用求出复杂问题的解。

## 9.2 实 验 内 容

本章的实验题目相对来说难度较大,综合性较强,需要较多的实验课时才能完成,建议将这些实验作为课程设计题目,用一周左右的时间完成。

根据系统功能描述,首先进行系统总体设计,画出系统功能模块图,然后对各个功能模块进行详细设计,确定模块间的调用关系,最后进行程序代码设计。

### 9.2.1 实验1 通讯录管理系统

通讯录中的联系人包含以下信息项:姓名、手机、办公电话、家庭电话、电子邮箱、所在省市、工作单位、家庭住址,群组分类(亲属、同事、同学、朋友、其他)。

系统的主要功能包括:

(1) 输入联系人的信息,要求:至少输入 10 个联系人的数据,且注意数据的多样性。

(2) 按姓名对联系人信息进行排序,并将排序后信息存放到一个文本文件中。

(3) 添加联系人的信息,在已经存在的通讯录文件中添加若干个联系人。要求:添加后仍按联系人的姓名排序,并保存至原文件。

(4) 删除联系人的信息,输入一个姓名,若通讯录中有该联系人的信息,则删除该联系人,否则输出提示信息,并提示用户选择是否继续进行删除操作。

(5) 修改联系人的信息,输入一个姓名,根据具体需要修改该联系人的某一项信息,将修改后的信息重新保存到通讯录文件中,并提示用户选择是否继续进行修改操作。

(6) 按不同条件对通讯录进行查询操作,输出满足条件的联系人的信息。

① 按姓名查询,包括精确查询(输入全名),模糊查询(输入姓);

② 按手机号码查询,输入全部号码或号码位段(如输入 130、133、139 等);

③ 按群组分类查询,输入分类名称,输出该群组的全部联系人信息。

(7) 输出联系人的信息,按一定格式输出信息,保证信息排列整齐美观。

## 9.2.2 实验 2 学生成绩管理系统

学生包含以下信息项:学号、姓名、学院、班级、高数成绩、英语成绩、C 语言成绩、总分、平均分。

系统的主要功能包括:

(1) 创建学生成绩信息文件,根据提示输入学生的各项信息,计算出总分和平均分,然后按学号对学生信息进行排序,并将排序后的学生成绩信息存储到一个二进制文件中。

(2) 增加学生信息,在原有学生信息文件的基础上增加新的学生成绩信息,要求:增加后的学生信息仍按学号排序,并继续保存至原文件。

(3) 删除学生信息,提示用户输入要进行删除操作的学号,如果在文件中有该信息存在,则将该学号所对应的学生信息删除,否则输出提示信息,并提示用户选择是否继续进行删除操作。

(4) 修改学生信息,提示用户输入要进行修改操作的学号,如果在文件中有该信息存在,则提示用户输入该学号对应的要修改的选项,结果保存至原文件,并提示用户选择是否继续进行修改操作。

(5) 按不同条件对学生信息进行查询操作,输出满足条件的学生信息。

① 按学号查询,输入一个学号,输出对应的学生信息。

② 按姓名查询,包括精确查询(输入全名),模糊查询(输入姓)。

③ 按学院查询,输入学院名称,输出该学院的全部学生的信息。

④ 按班级查询,输入班级名称,输出该班级的全部学生的信息。

(6) 按不同条件对学生成绩进行统计工作。

① 按总分对学生信息进行排序(由高到低),输出排序后的信息,并将排序后的学生信息存放到一个新的二进制文件中。

② 按平均分统计各个分数段的学生人数(不及格,60~69,70~79,80~89,90~100)。

③ 分别找出 3 门课程成绩最高的学生,并输出他们的信息。

④ 分别统计出 3 门课程的不及格率,并输出。

## 9.2.3 实验 3 高校教师人事管理系统

教师包含以下信息项:教师编号、姓名、性别、出生日期、参加工作时间、工资、学院、职称(助教、讲师、副教授、教授)、学位(学士、硕士、博士)。

系统的主要功能包括:

(1) 创建教师信息文件,根据提示输入教师的各项信息,按教师编号对教师信息进行排序,并将排序后的教师信息存储到一个二进制文件中。

(2) 增加教师信息,在原有教师信息文件的基础上增加新的教师信息,要求:增加后的教师信息仍按编号排序,并继续保存至文件。

(3) 删除教师信息,提示用户输入要进行删除操作的教师编号,如果在文件中有该信息存在,则将该编号所对应的教师信息删除,否则输出提示信息,并提示用户选择是否继续进行删除操作。

（4）修改教师信息,提示用户输入要进行修改操作的教师编号,如果在文件中有该信息存在,则将提示用户输入该编号对应的要修改的选项,结果保存至原文件,并提示用户选择是否继续进行修改操作。

（5）按不同条件对教师信息进行查询操作,输出满足条件的教师信息。

① 按教师编号查询,输入一个编号,输出对应的教师信息。

② 按姓名查询,包括精确查询（输入全名）,模糊查询（输入姓）。

③ 按学院查询,输入学院名称,输出该学院的全部教师的信息。

④ 按职称查询,输入职称名称,输出相应职称的教师信息。

⑤ 按参加工作时间查询,输入一个日期,输出在该日期以前参加工作的所有教师信息。

（6）按不同条件对教师信息进行统计工作。

① 统计1980年以后出生的教师的人数,及80后教师占教师总数的比例。

② 统计各职称岗位的教师人数是多少,计算高级职称（包括副教授和教授）的比例。

③ 统计各学位的教师人数是多少,计算拥有博士学位的教师占教师总数的比例。

④ 计算教师的平均工资,并输出。

## 9.2.4　实验4　企业职工工资管理系统

工资管理需要和人事管理相联系,同时连接考勤记录等,生成企业每个职工的实际发放工资。

企业职工人事基本信息包括：职工编号、姓名、性别、出生日期、职称（助工、工程师、高级工程师）、任现职年限。

企业职工的考勤记录包括：职工编号、姓名、考勤时间（年.月）、出勤天数。

企业职工的工资信息包括：职工编号、姓名、职务工资、职务补贴、住房补贴、考勤管理奖、应发工资、个人所得税、养老保险、住房公积金、实发工资。

系统的主要功能包括：

（1）创建职工人事基本信息文件,根据提示输入职工的各项信息,按职工编号对职工信息进行排序,并将排序后的职工信息存储到一个文件中。

（2）创建职工考勤记录文件（每个月1个文件）,其中职工编号和姓名从人事信息文件中拷贝,输入考勤时间（年月）和出勤天数。

（3）创建职工的工资信息文件（每个月1个文件）,其中职工编号和姓名从人事信息文件中拷贝,其他工资组成项目按如下方法计算：

$$职务工资：助工＝720*(1+任现职年限*2\%)$$

$$工程师＝960*(1+任现职年限*3\%)$$

$$高级工程师＝1350*(1+任现职年限*5\%)$$

$$职务补贴＝职务工资*25\%$$

$$住房补贴＝(职务工资+职务补贴)*15\%$$

考勤管理奖：若出勤天数>=20,考勤奖=10*出勤天数

若10<=出勤天数<20,考勤奖=5*出勤天数

若出勤天数<10,考勤奖=0

$$应发工资＝职务工资＋职务补贴＋住房补贴＋考勤管理奖$$
$$个人所得税＝(应发工资－所得税起征点)*税率－速算扣除数$$
$$养老保险＝(职务工资＋职务补贴)*10\%$$
$$住房公积金＝应发工资*5\%$$
$$实发工资＝应发工资－个人所得税－养老保险－住房公积金$$

(4) 增加职工人事基本信息,在原有职工人事基本信息文件的基础上增加新的职工信息,要求:增加后的职工信息仍按编号排序,并继续保存至原文件。

(5) 删除职工人事基本信息,提示用户输入要进行删除操作的职工编号,如果在文件中有该信息存在,则将该编号所对应的职工信息删除,否则输出提示信息,并提示用户选择是否继续进行删除操作。

(6) 修改职工人事基本信息,提示用户输入要进行修改操作的职工编号,如果在文件中有该信息存在,则提示用户输入要修改的选项(职称、任现职年限),结果保存至原文件,并提示用户选择是否继续进行修改操作。

(7) 输入一个时间(年月),输出该月份的职工的工资信息。注意:计算职工工资时,应从最新的职工人事信息文件中提取数据。

(8) 按不同条件进行查询操作,输出满足条件的职工工资信息。

① 按职工编号查询,输入一个编号,输出对应的职工工资信息。

② 按姓名查询,包括精确查询(输入全名),模糊查询(输入姓)。

③ 输入一个时间(年月),在职工考勤记录文件中查询当月全勤的职工,并输出他们的姓名。

(9) 按不同条件对职工工资信息进行统计工作。

① 统计各职称岗位的职工人数是多少,计算高级工程师的比例。

② 计算企业职工的平均实发工资,并输出。

③ 统计职工工资低于平均工资的人数,并输出他们的姓名和实发工资。

## 9.2.5 实验5 仓库物资管理系统

仓库物资管理涉及三方面的记录:库存记录、入库记录和出库记录。

假设仓库中存放的物资为家用电器,库存记录应包括以下信息:电器名称、品牌名称(或生产厂家)、型号、库存数量、价值。

入库记录应包括以下信息:电器名称、品牌名称、型号、入库数量、单价、入库时间(年月日)、送货人姓名。

出库记录应包括以下信息:电器名称、品牌名称、型号、出库数量、出库时间(年月日)、提货人姓名。

系统的主要功能包括:

(1) 创建库存记录文件,根据提示输入若干电器的信息,并将信息保存至一个文件中。

(2) 物资入库管理,创建一个入库记录文件,每次有物资入库,则按入库记录要求输入各项信息,并将该次的入库信息添加到文件中,同时修改相应的库存记录文件。

(3) 物资出库管理,创建一个出库记录文件,每次有物资出库,则按出库记录要求输入各项信息,并将该次的出库信息添加到文件中,同时修改相应的库存记录文件。注意:物资出库时要检查出库数量的合法性（即出库数量必须小于库存数量）。

（4）按不同条件进行查询操作，输出满足条件的物资信息。

① 输入电器名称，在库存记录文件中查找相应的物资信息并输出。

② 输入品牌名称，在库存记录文件中查找该品牌的所有电器信息并输出。

③ 输入一个日期（年月日），输出该天的入库记录和出库记录。

④ 输入电器名称和型号，输出该电器的所有入库记录和出库记录。

（5）按不同条件对物资信息进行统计工作。

① 输入电器名称，在库存记录文件中统计该电器的现有库存总量。

② 输入电器名称，在入库记录文件中统计该电器的入库次数。

③ 输入一个日期（年月），在出库记录文件中统计该月的出库记录次数。

④ 设置一个库存数量警戒值，输出库存数量小于该警戒值的所有库存电器的信息。

### 9.2.6 实验6 笔记本电脑销售管理系统

笔记本电脑产品信息包括：产品名称、品牌（或厂商）、产品型号、进价、库存数量。

笔记本电脑销售信息包括：产品名称、品牌、产品型号、销售数量、售价、总金额（销售数量＊售价）、销售日期（年月日）、客户名称。

系统的主要功能包括：

（1）创建笔记本电脑产品信息文件，根据提示输入若干笔记本电脑的信息，并将这些信息保存至一个文件中。

（2）增加笔记本电脑信息，在原有笔记本电脑产品信息文件的基础上增加新的笔记本电脑信息，并保存至原产品信息文件中。

（3）删除笔记本电脑信息，提示用户输入要进行删除操作的产品名称和产品型号，如果在产品信息文件中有该信息存在，则将对应的笔记本电脑信息删除，否则输出提示信息，并提示用户选择是否继续进行删除操作。

（4）修改笔记本电脑信息，提示用户输入要进行修改操作的产品名称和产品型号，如果在产品信息文件中有该息存在，则将提示用户输入要修改的选项，并将结果保存至原产品信息文件，并提示用户选择是否继续进行修改操作。

（5）笔记本电脑销售管理，创建一个销售记录文件，每完成一次销售，就按销售信息的要求输入各项数据，并将该次的销售信息添加到文件中，同时修改相应的笔记本电脑产品信息文件（主要是修改其库存数量）。

（6）按不同条件进行查询操作，输出满足条件的笔记本电脑信息。

① 输入产品名称，在笔记本电脑产品信息文件中查找相应的笔记本电脑信息并输出。

② 输入产品名称，在销售记录文件中进行查找，输出该笔记本电脑的所有销售信息。

③ 输入一个日期，输出该天所有笔记本电脑的销售信息。

④ 输入客户名称，输出与该客户有关的所有销售信息。

（7）按不同条件进行统计工作。

① 输入一个日期（年月日），在销售记录文件中统计该天笔记本电脑的总销售量、总销售金额，并计算该天的销售利润。

② 输入一个日期（年月），在销售记录文件中统计该月笔记本电脑的总销售量、总销售

金额。

③ 输入一个日期(年月),在销售记录文件中统计该月中各个品牌的笔记本电脑的总销售量,并按总销售量从高到低的顺序输出笔记本电脑品牌名称。

④ 输入品牌名称,在销售记录文件中统计其不同型号的销量,并输出销量最高的那个型号的笔记本电脑的信息。

### 9.2.7  实验7  停车场管理系统

假设停车场分为三个区域:A区用来停放轿车,有车位20个,车位编号为A01～A20,每小时收费3元;B区用来停放中型客车或货车,有车位15个,车位编号为B01～B15,每小时收费4元;C区用来停放大型客车或货车,有车位10个,车位编号为C01～C10,每小时收费5元。

本系统要求用链表实现,设置3个链表分别对应停车场的三个区域,链表结点的数据成员应包含以下信息:车位号、车牌号、停车时间(几点几分)。每个链表设置一个表头结点,该结点存放的数据比较特殊,用车位号成员存放当前空闲的且最小的车位号,如果该区域所有车位已满,则用A00(或B00、C00)表示,表头结点的车牌号和停车时间成员都置空。

初始状态是停车场为空,此时可用图9.1表示。

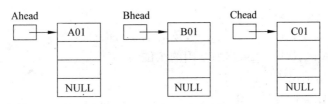

图9.1  停车场初始状态

系统的主要功能包括:

(1) 停车管理,如果有车要进入停车场,首先输入车型(大型、中型、小型),根据车型找到相应链表表头结点的数据成员,查看是否还有空闲的车位,若有空闲车位,则允许该车进入停车场,此时对应链表应该插入一个新结点。

例如:停车场开放一段时间后,可能出现以下状态,如图9.2所示。

在图9.2的状态下,如果有一辆中型车想进入停车场,因链表B的表头结点的车位号为B00,则会被告知没有车位;如果有一辆小轿车想进入停车场,则可以将A02车位分配给它,此时要求将新结点插入到A01和A03之间,注意此时还需要修改链表A表头结点的车位号,将其改为A04。

(2) 收费管理,当有车要离开停车场,先输入当前时间,根据车位号按不同区域的收费标准计算应收取的停车费用,规定:停车时间不足30分钟的按半小时收费,停车时间超过30分钟但不足1小时的按1小时收费。假设停车场的营业时间为早6点到晚22点,注意汇总当天收取的费用总额,并将该数据存放到一个文本文件中,文件中的数据格式为:\*\*\*\*年\*\*月\*\*日,\*\*\*.\*元(每天一行)。

**注意:**汽车离开后,应将其相应的结点从链表中删除,并根据情况看是否要修改表头结

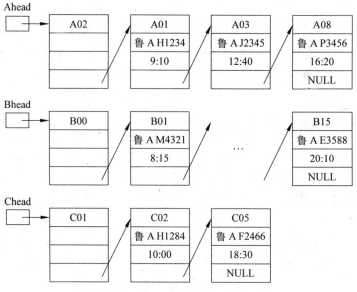

图 9.2　停车场某个时刻的状态

点中的车位号。

（3）按不同条件进行查询操作。

① 分别输出 A 区、B 区、C 区当前所停放的汽车的信息。

② 分别输出 A 区、B 区、C 区当前空闲的车位号。

③ 输入车牌号,输出该车所停放的车位号。

（4）按不同条件进行统计工作。

① 分别输出 A 区、B 区、C 区当前所停放的汽车的数量。

② 输入当前时间,分别统计 A 区、B 区、C 区到当前时间为止,停车时间超过 5 小时的汽车数量,并输出这些汽车的信息。

③ 输入一个日期(年.月),统计该月停车场的收费金额。

## 9.2.8　实验 8　火车订票管理系统

假设有 5 条火车线路(起点均为济南),每条线路所涉及的信息有：终点站、车次、发车时间(年月日时分)、票价、余票数(假设火车总票数为 300)。

乘客订票信息包括：乘客姓名、乘客身份证号码、订票数、总票价。

本系统要求用结构体数组和链表实现,将火车线路信息存放在结构体数组中,每条线路对应一个链表,乘客订票就是在链表中插入结点,乘客退票就是在链表中删除结点。

链表的结点类型和结构体类型定义如下：

```
struct node
{
    char name[10];          //乘客姓名
    char IDcard[20];        //乘客身份证号码
    int TicketNum;          //订票数
```

```
    float FareSum;                      //总票价
    struct node * next;                 //指针成员
};

struct Dtime
{
    short year;
    short month;
    short day;
    short hour;
    short minute;
};
struct train
{
    char terminal[10];                  //终点站
    char sequence[10];                  //车次
    struct Dtime StartTime;             //发车时间
    float fare;                         //票价
    int SpareTicketNum;                 //余票数
    struct node * head;                 //指针成员,指向该线路第一个订票乘客
};
```

系统整体结构见图 9.3 所示。

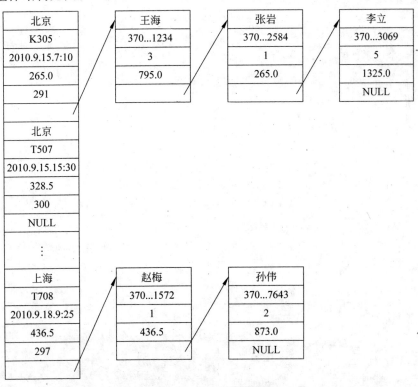

图 9.3　系统结构示意图

系统的主要功能包括：

(1) 火车线路查询功能,乘客输入终点站名称或输入车次,输出相应的火车线路信息。

(2) 订票功能。乘客输入车次和订票数,先查询该车次的余票数,若余票数大于等于订票数,则为乘客办理订票手续,要求乘客输入姓名、身份证号码,计算出总票价,产生一个新结点,将该结点添加到对应车次的链表中,然后修改该车次的余票数。若余票数小于订票数,则输出提示信息"余票数不足,订票失败!"。

(3) 退票功能。乘客输入车次和身份证号码,在该车次对应的链表中查找该乘客,若找到,询问乘客退票数量,若退票数小于订票数,则只需修改结点的订票数;若退票数等于订票数,则将该乘客对应的结点删除,然后修改该车次的余票数;若没找到,则应提示"未找到相应信息",要求乘客重新输入车次和身份证号码,再进行查找,如果仍未找到,则输出提示信息"输入信息错误,退票失败!"。

(4) 其他查询功能。

① 输入车次,输出该车次的全部订票信息。

② 输入车次,输出该车次的订票数和余票数。

③ 输入终点站名称,输出相关火车线路的信息。

④ 输入日期(年月日),输出发车时间为该天的火车线路的信息。

⑤ 输出余票数为 0 的火车线路的信息。

# 常见编译错误和警告

1. fatal error C1010：unexpected end of file while looking for precompiled header directive

寻找预编译头文件路径时遇到了不该遇到的文件尾

（一般是因为误删了包含命令 ♯include "stdafx. h"）

2. fatal error C1083：Cannot open include file: '***. h': No such file or directory

不能打开包含文件'***. h'：没有这样的文件或目录

3. error C2018：unknown character '0xa3'

不认识的字符'0xa3'（一般是代码中出现了汉字或中文标点符号）

4. error C2039：'****' : is not a member of '♯♯♯♯'

'****' 不是'♯♯♯♯'结构体的一个成员（一般是因为错误引用结构体成员）

5. error C2057：expected constant expression

期望是常量表达式（一般出现在 switch 语句的 case 分支中）

6. error C2061：syntax error : identifier '***'

语法错误：标识符'***'（一般是因为未定义形参的数据类型）

7. error C2065：'****' : undeclared identifier

'****'：未声明过的标识符

8. error C2082：redefinition of formal parameter '****'

重复定义形参'****'

9. error C2133：'****'：unknown size

'****'：不知道其大小（一般是因为数组未定义长度）

10. error C2143：syntax error：missing ';' before '{'

句法错误：'{'前缺少';'

11. error C2146：syntax error : missing ';' before identifier '****'

句法错误：在'****'前缺少';'

12. error C2181：illegal else without matching if

非法的 else,没有与之匹配的 if（一般是因为 if 与 else 不配对）

13. error C2196：case value '****' already used

case 值'****'已经使用过（一般出现在 switch 语句的 case 分支中）

14. error C2296：'%' : illegal, left operand has type 'float'

'%'：左操作数为'float'类型非法

15. error C2297：'%'：illegal，right operand has type 'float'

'%'：右操作数为'float'类型非法

16. error C2562：'****'：'void' function returning a value

'****'：无返回值的函数返回了一个值

17. error C2660：'****'：function does not take 2 parameters

'****'函数不能传递 2 个参数（一般是因为实参、形参的个数不一致）

18. error C2466：cannot allocate an array of constant size 0

不能分配一个大小为 0 的数组（一般是因为数组未定义长度）

19. error C4716：'****'：must return a value

'****' 函数必须返回一个值（一般是定义返回值的函数体内未写 return 语句）

20. warning C4035：'****'：no return value

'****'函数没有返回值

21. warning C4244：'return'：conversion from 'float' to 'int'，possible loss of data

'return'：从'float' 转换为 'int'，可能丢失数据

22. warning C4553：'= ='：operator has no effect；did you intend '='?

没有效果的运算符"= ="；是否改为"="？

23. warning C4700：local variable '****' used without having been initialized

局部变量'****'没有初始化就使用

24. error C4716：'****'：must return a value

'****'函数必须返回一个值

25. LINK：fatal error LNK1168：cannot open Debug/P1.exe for writing

连接错误：不能打开 P1.exe 文件，要改写内容

（一般是因为 P1.Exe 还在运行，未关闭）

# 附录 B

## 常用标准库函数

## B.1 stdio.h 中包括的常用函数

1. fclose 关闭文件

原型：

```
int fclose(FILE * stream);
```

功能：关闭由 stream 指向的流。清洗保留在流缓冲区内的任何未写的输出。如果是自动分配，那么就释放缓冲区。

返回：如果成功，就返回零。如果检测到错误，就返回 EOF。

2. feof 检测文件末尾

原型：

```
int feof(FILE * stream);
```

返回：如果为 stream 指向的流设置了文件尾指示器，则返回非零值，否则返回零。

3. ferror 检测文件错误

原型：

```
int ferror(FILE * stream);
```

返回：如果为 stream 指向的流设置了文件错误指示器，则返回非零值，否则返回零。

4. fflush 清洗文件缓冲区

原型：

```
int fflush(FILE * stream);
```

功能：把任何未写入的数据写到和 stream 相关的缓冲区中，其中 stream 指向用于输出或更新的已打开的流。如果 stream 是空指针，那么 fflush 函数清洗存储在缓冲区中的所有未写入的流。

返回：如果成功就返回零。如果检测到错误，就返回 EOF。

5. fgetc 从文件中读取字符

原型：

```
int fgetc(FILE * stream);
```

功能：从 stream 指向的流中读取字符。

返回：读到的字符。如果 fgetc 函数遇到流的末尾，则设置流的文件尾指示器并且返回 EOF。如果读取发生错误，fgetc 函数设置流的错误指示器并且返回 EOF。

6. fgetpos 获得文件位置

原型：

```
int fgetpos(FILE * stream, fpos_t * pos);
```

功能：把 stream 指向的流的当前位置存储到 pos 指向的对象中。

返回：如果成功就返回零。如果调用失败，则返回非零值，并且把由实现定义的错误码存储到 errno 中。

7. fgets 从文件中读取字符串

原型：

```
char * fgets(char * s, int n, FILE * stream);
```

功能：从 stream 指向的流中读取字符，并且把读入的字符存储到 s 指向的数组中。遇到第一个换行符已经读取了 n−1 个字符，或到了文件末尾时，读取操作都会停止。fgets 函数会在字符串后添加一个空字符。

返回：s(指向数组的指针)，如果读取操作错误或 fgets 函数在存储任何字符之前遇到了流的末尾，都会返回空指针。

8. fopen 打开文件

原型：

```
FILE * fopen(const char * filename, const char * mode);
```

功能：打开文件以及和它相关的流，文件名是由 filename 指向的。mode 说明文件打开的方式。

返回：文件指针。在执行下一次关于文件的操作时会用到此指针。如果无法打开文件则返回空指针。

9. fprintf 格式化写文件

原型：

```
int fprintf(FILE * stream, const char * format, ...);
```

功能：向 stream 指向的流写输出。format 指向的字符串说明了后续参数显示的格式。

返回：写入的字符数量。如果发生错误就返回负值。

10. fputc 向文件写字符

原型：

```
int fputc(int c, FILE * stream);
```

功能：把字符 c 写到 stream 指向的流中。

返回：c(写入的字符)，如果写发生错误，fputc 函数会为 stream 设置错误指示器，并且返回 EOF。

11. fputs 向文件写字符串

原型：

```
int fputs(const char * s, FILE * stream);
```

功能：把 s 指向的字符串写到 stream 指向的流中。

返回：如果成功，返回非负值。如果写发生错误，则返回 EOF。

12. fread 从文件读块

原型：

```
size_t fread(void * ptr, size_t size, size_t nmemb, FILE * stream);
```

功能：试着从 stream 指向的流中读取 nmemb 个元素，每个元素大小为 size 个字节，并且把读入的元素存储到 ptr 指向的数组中。

返回：实际读入的元素(不是字符)数量。如果 fread 遇到文件末尾或检测到读取错误，那么此数将会小于 nmemb。如果 nmemb 或 size 为零，则返回值为零。

13. freopen 重新打开文件

原型：

```
FILE * freopen(const char * filename, const char * mode, FILE * stream);
```

功能：在 freopen 函数关闭和 stream 相关的文件后，打开名为 filename 且与 stream 相关的文件。Mode 参数具有和 fopen 函数调用中相同的含义。

返回：如果操作成功，返回 stream 的值。如果无法打开文件则返回空指针。

14. fscanf 格式化读文件

原型：

```
int fscanf(FILE * stream, const char * format, ...);
```

功能：向 stream 指向的流读入任意数量的数据项。format 指向的字符串说明了读入项的格式。跟在 format 后边的参数指向数据项存储的位置。

返回：成功读入并且存储的数据项数量。如果发生错误或在可以读数据项前到达了文件末尾，那么就返回 EOF。

15. fseek 文件查找

原型：

```
int fseek(FILE * stream, long int offset, int whence);
```

功能：为 stream 指向的流改变文件位置指示器。如果 whence 是 SEEK_SET，那么新位置是在文件开始处加上 offset 个字节。如果 whence 是 SEEK_CUR，那么新位置是在当前位置加上 offset 个字节。如果 whence 是 SEEK_END，那么新位置是在文件末尾加上 offset 个字节。对于文本流而言，offset 必须是零，或者 whence 必须是 SEEK_SET 并且 offset 的值是由前一次的 ftell 函数调用获得的。而对于二进制流来说，fseek 函数不可以支持 whence 是 SEEK_END 的调用。

返回：如果操作成功就返回零。否则返回非零值。

16. fsetpos 设置文件位置

原型：

```
int fsetpos(FILE * stream, const fpos_t * pos);
```

功能：根据 pos(前一次 fgetpos 函数调用获得的)指向的值来为 stream 指向的流设置文件位置指示器。

返回：如果成功就返回零。如果调用失败，返回非零值，并且把由实现定义的错误码存储在 errno 中。

17. ftell 确定文件位置

原型：

```
long int ftell(FILE * stream);
```

返回：返回 stream 指向的流的当前文件位置指示器。如果调用失败，返回-1L，并且把由实现定义的错误码存储在 errno 中。

18. fwrite 向文件写块

原型：

```
size_t fwrite(const void * ptr, size_t size, size_t nmemb, FILE * stream);
```

功能：从 ptr 指向的数组中写 nmemb 个元素到 stream 指向的流中，且每个元素大小为 size 个字节。

返回：实际写入的元素(不是字符)的数量。如果 fwrite 函数检测到写错误，则这个数将会小于 nmemb。

19. getchar 读入字符

原型：

```
int getchar(void);
```

功能：从 stdin 流中读入一个字符。注意：getchar 函数通常是作为宏来实现的。

返回：读入的字符。如果读取发生错误，则返回 EOF。

20. gets 读入字符串

原型：

```
char * gets(char * s);
```

功能：从 stdin 流中读入多个字符，并把这些读入的字符存储到 s 指向的数组中。

返回：s(即存储输入的数组的指针)。如果读取发生错误或 gets 函数在存储任何字符之前遇到流的末尾，那么返回空指针。

21. printf 格式化写

原型：

```
int printf(const char * format, ...);
```

功能：向 stdout 流写输出。format 指向的字符串说明了后续参数显示的格式。

返回：写入数据的数量。如果发生错误就返回负值。

22. putchar 写字符

原型：

```
int putchar(int c);
```

功能：把字符 c 写到 stdout 流中。注意：putchar 函数通常作为宏来实现的。

返回：c(写入的字符)。如果写发生错误，putchar 函数设置流的错误指示器，并且返回 EOF。

23. puts 写字符串

原型：

```
int puts(const char * s);
```

功能：把 s 指向的字符串写到 strout 流中，然后写一个换行符。

返回：如果成功，返回非负值；如果写发生错误，则返回 EOF。

24. remove 移除文件

原型：

```
int remove(const char * filename);
```

功能：删除文件，此文件名由 filename 指向。

返回：如果成功就返回零；否则返回非零值。

25. rename 重命名文件

原型：

```
int rename(const char * old, const char * new);
```

功能：改变文件的名字。old 和 new 指向的字符串分别包含旧文件名和新文件名。

返回：如果改名成功，就返回零；如果操作失败，就返回非零值(可能因为旧文件目前是打开的)。

26. rewind 返回到文件头

原型：

```
void rewind(FILE * stream);
```

功能：为 stream 指向的流设置文件位置指示器到文件的开始处。为流清除错误指示器和文件尾指示器。

27. scanf 格式化读

原型：

```
int scanf(const char * format, ...);
```

功能：从 stdin 流读取任意数量数据项。format 指向的字符串说明了读入项的格式。跟随在 format 后边的参数指向数据项要存储的地方。

返回：成功读入并且存储的数据项数量。如果发生错误或在可以读入任意数据项之前到达了文件末尾,就返回 EOF。

28. sprintf 格式串写

原型:

```
int sprintf(char * s, const char * format, ...);
```

功能:与 fprintf 函数和 printf 函数很类似,但是 sprintf 函数不是把字符写入流,而是把字符存储到 s 指向的数组中。format 指向的字符串说明了后续参数显示的格式,在输出的末尾存储一个空字符到数组中。

返回:存储到数组中的字符数量,不计空字符。

29. sscanf 格式串读

原型:

```
int sscanf(const char * s, const char * format, ...);
```

功能:与 fscanf 函数和 scanf 函数很类似,但是 sprintf 函数不是从流读取字符,而是从 s 指向的字符串中读取字符。format 指向的字符串说明了读入项的格式。跟随在 format 后的参数指向数据项要存储的地方。

返回:成功读入并且存储的数据项数量。如果在可以读入任意数据项之前到达了字符串末尾,就返回 EOF。

30. tmpfile 创建临时文件

原型:

```
FILE * tmpfile(void);
```

功能:创建临时文件,此文件在被关闭或者程序结束时会被自动删除。按照"wb+"模式打开文件。

返回:文件指针。当执行对此文件的后续操作时用到此指针。如果无法创建文件,则返回空指针。

31. tmpnam 产生临时文件名

原型:

```
char * tmpnam(char * s);
```

功能:产生临时文件名。如果 s 是空指针,那么 tmpnam 把文件名存储在静态变量中。否则,它会把文件名复制到 s 指向的字符数组中(数组必须足够长可以存储 L_tmpnam 个字符,这里的 L_tmpnam 是在<stdio.h>头文件中定义的宏)。

返回:指向文件名的指针。

32. ungetc 未读取的字符

原型:

```
int ungetc(int c, FILE * stream);
```

功能:把字符 c 回退到 stream 指向的流中,并且清除流的文件尾指示器。由连续的 ungetc 函数调用回退的字符数量有变化。只能保证第一次调用成功。调用文件定位函数(fseek 函数、fsetpos 函数或者 rewind 函数)会导致回退的字符丢失。

返回：c（回退的字符）。如果没有读取操作或者文件定位操作就试图回退过多的字符，那么函数将会返回 EOF。

# B.2　math.h 中包括的常用函数

1. abs 整数的绝对值

原型：

```
int abs(int j);
```

返回：整数 j 的绝对值。

2. acos 反余弦

原型：

```
double acos(double x);
```

返回：x 的反余弦值。返回值的范围在 0 到 $\pi$ 之间。如果 x 的值不在 $-1$ 到 $+1$ 之间，那么就会发生定义域错误。

3. asin 反正弦

原型：

```
double asin(double x);
```

返回：x 的反正弦值。返回值的范围在 $-\pi/2$ 到 $\pi/2$ 之间。如果 x 的值不在 $-1$ 到 $+1$ 之间，那么就会发生定义域错误。

4. atan 反正切

原型：

```
double atan(double x);
```

返回：x 的反正切值。返回值的范围在 $-\pi/2$ 到 $\pi/2$ 之间。

5. atan2 商的反正切

原型：

```
double atan2(double y, double x);
```

返回：y/x 的反正切值。返回值的范围在 $-\pi$ 到 $\pi$ 之间。如果 x 和 y 的值都为零，那么就会发生定义域错误。

6. ceil 上整数

原型：

```
double ceil(double x);
```

返回：大于或等于 x 的最小整数。

7. cos 余弦

原型：

```
double cos(double x);
```

返回：x 的余弦值(按照弧度衡量的)。

8. cosh 双曲余弦
原型：

```
double cosh(double x);
```

返回：x 的双曲余弦值。如果 x 的数过大,那么可能会发生取值范围错误。

9. exp 指数
原型：

```
double exp(double x);
```

返回：e 的 x 次幂的值(即 $e^x$)。如果 x 的数过大,那么可能会发生取值范围错误。

10. fabs 浮点数的绝对值
原型：

```
double fabs(double x);
```

返回：x 的绝对值。

11. floor 向下取整
原型：

```
double floor(double x);
```

返回：小于或等于 x 的最大整数。

12. fmod 浮点模数
原型：

```
double fmod(double x, double y);
```

返回：x 除以 y 的余数。如果 y 为零,是发生定义域错误还是 fmod 函数返回零是由具体机型定义的。

13. frexp 分解成小数和指数
原型：

```
double frexp(double value, int * exp);
```

功能：按照下列形式把 value 分解成小数部分 f 和指数部分 n：value＝f×$2^n$。其中 f 是规范化的,因此 $0.5 \leqslant f < 1$ 或者 f＝0。把 n 存储在 exp 指向的整数中。
返回：f,即 value 的小数部分。

14. labs 长整数的绝对值
原型：

```
long int labs(long int j);
```

返回：j 的绝对值。如果不能表示 j 的绝对值,那么函数的行为是未定义的。

15. ldexp 联合小数和指数
原型：

```
double ldexp(double x, int exp);
```

返回：x×2$^{exp}$的值。可能会发生取值范围错误。

16. log 自然对数

原型：

```
double log(double x);
```

返回：基数为 e 的 x 的对数（即 lnx）。如果 x 是负数，会发生定义域错误；如果 x 是零，则会发生取值范围错误。

17. long10 常用对数

原型：

```
double log10(double x);
```

返回：基数为 10 的 x 的对数。如果 x 是负数，会发生定义域错误；如果 x 是零，则会发生取值范围错误。

18. modf 分解成整数和小数部分

原型：

```
double modf(double value, double * iptr);
```

功能：把 value 分解成整数部分和小数部分。把整数部分存储到 iptr 指向的 double 型对象中。

返回：value 的小数部分。

19. pow 幂

原型：

```
double pow(double x, double y);
```

返回：x 的 y 次幂。发生定义域错误的情况有：(1)当 x 是负数并且 y 的值不是整数时；(2)当 x 为零且 y 是小于或等于零，无法表示结果时。取值范围错误也是可能发生的。

20. sin 正弦

原型：

```
double sin(double x);
```

返回：x 的正弦值（按照弧度衡量的）。

21. sinh 双曲正弦

原型：

```
double sinh(double x);
```

返回：x 的双曲正弦值（按照弧度衡量的）。如果 x 的数过大，那么可能会发生取值范围错误。

22. sqrt 平方根

原型：

```
double sqrt(double x);
```

返回：x 的平方根。如果 x 是负数,则会发生定义域错误。

23. tan 正切

原型：

```
double tan(double x);
```

返回：x 的正切值(按照弧度衡量的)。

24. tanh 双曲正切

原型：

```
double tanh(double x);
```

返回：x 的双曲正切值。

# B.3　stdlib.h 中包括的常用函数

1. atexit 在程序退出处注册要调用的函数

原型：

```
int atexit(void(* func)(void));
```

功能：注册由 func 指向的函数作为终止函数。如果程序正常终止(通过 return 或 exit,而不是 abort),那么将调用函数。可以重复调用 atexit 函数来注册多个终止函数。最后一个注册的函数将是在终止前第一个被调用的函数。

返回：如果成功,返回零。如果不成功,则返回非零(达到由具体机型定义的限制)。

2. atof 把字符串转换成浮点数

原型：

```
double atof(const char * nptr);
```

返回：对应字符串最长初始部分的 double 型值,此字符串是由 nptr 指向的,且字符串最长初始部分具有浮点数的格式。如果无法表示此数,则函数的行为将是未定义的。

3. atoi 把字符串转换成整数

原型：

```
int atoi(const char * nptr);
```

返回：对应字符串最长初始部分的整数,此字符串是由 nptr 指向的,且字符串最长初始部分具有整数的格式。如果无法表示此数,则函数的行为将是未定义的。

4. atol 把字符串转换成长整数

原型：

```
long int atol(const char * nptr);
```

返回：对应字符串最长初始部分的长整数,此字符串是由 nptr 指向的,且字符串最长初始部分具有整数的格式。如果无法表示此数,则函数的行为将是未定义的。

**5. calloc 分配并清除内存块**

原型：

```
void * calloc(size_t nmemb, size_t size);
```

功能：为带有 nmemb 个元素的数组分配内存块，其中每个数组元素占 size 个字节。通过设置所有位为零来清除内存块。

返回：指向内存块开始处的指针。如果不能分配所要求大小的内存块，那么返回空指针。

**6. div 整数除法**

原型：

```
div_t div(int numer, int denom);
```

返回：含有 quot(numer 除以 denom 时的商)和 rem(余数)的结构。如果无法表示结果，则函数的行为是未定义的。

**7. exit 退出程序**

原型：

```
void exit(int status);
```

功能：调用所有用 atexit 函数注册的函数，清洗全部输出缓冲区，关闭所有打开的流，移除任何由 tmpfile 产生的文件，并终止程序。status 的值说明程序是否正常终止。status 唯一可移植的值是 0 和 EXIT_SUCCESS(两者都说明成功终止)以及 EXIT_FAILURE(不成功的终止)。

**8. free 释放内存块**

原型：

```
void free(void * ptr);
```

功能：释放地址为 ptr 的内存块(除非 ptr 为空指针时调用无效)。块必须通过 calloc 函数、malloc 函数或 realloc 函数进行分配。

**9. ldiv 长整数除法**

原型：

```
ldiv_t ldiv(long int numer, long int denom);
```

返回：含有 quot(numer 除以 denom 的商)和 rem(余数)的结构。如果无法表示结果，则函数的行为是未定义的。

**10. malloc 分配内存块**

原型：

```
void * malloc(size_t size);
```

功能：分配 size 个字节的内存块。

返回：指向内存块开始处的指针。如果无法分配要求尺寸的内存块，那么返回空指针。

11. mblen 计算多字节字符的长度

原型:

```
int mblen(const char * s, size_t n);
```

功能:如果 s 是空指针,则初始化移位状态。

返回:如果 s 是空指针,返回非零值还是零值依赖于多字节字符是否是依赖状态编码。如果 s 指向空字符,则返回零;如果接下来 n 个或几个字节形成了一个有效的字符,那么返回 s 指向的多字节字符中的字节数量;否则返回-1。

12. rand 产生伪随机数

原型:

```
int rand(void);
```

返回:0 到 RAND_MAX(包括 RAND_MAX 在内)之间的伪随机整数。

13. realloc 调整内存块<stdlib.h>

原型:

```
void * realloc(void * ptr, size_t size);
```

功能:假设 ptr 指向先前由 calloc 函数、malloc 函数或 realloc 函数获得内存块。realloc 函数分配 size 个字节的内存块,并且如果需要还会复制旧内存块的内容。

返回:指向新内存块开始处的指针。如果无法分配要求尺寸的内存块,那么返回空指针。

14. srand 启动伪随机数产生器

原型:

```
void srand(unsigned int seed);
```

功能:使用 seed 来初始化由 rand 函数调用而产生的伪随机序列。

15. strtod 把字符串转换成双精度数

原型:

```
double strtod(const char * nptr, char **endptr);
```

功能:函数会跳过 nptr 所指向的字符串中的空白字符,然后把后续字符都转换成为 double 型的值。如果 endptr 不是空指针,那么 strtod 就修改 endptr 指向的对象,从而使 endptr 指向第一个剩余字符。如果没有发现 double 型的值,或者有错误的格式,那么 strtod 函数把 nptr 存储到 endptr 指向的对象中。如果要表示的数过大或者过小,函数就把 ERANGE 存储到 errno 中。

返回:转换的数。如果没有转换可以执行,就返回零。如果要表示的数过大,则返回正的或负的 HUGE_VAL,这要依赖于数的符号而定。如果要表示的数过小,则返回零。

16. strtol 把字符串转换成长整数

原型:

```
long int strtol(const char * nptr, char **endptr, int base);
```

功能：函数跳过 nptr 指向字符串中的空白字符，然后把后续字符转换成 long int 型的值。如果 base 是 2～36 之间的数，则把它用作数的基数。如果 base 为零，除非数是以 0（八进制）或者 0x/0X（十六进制）开头的，否则就把数设定为十进制的。如果 endptr 不是空指针，那么 strtol 函数会修改 endptr 指向的对象以便 endptr 可以指向第一个剩余字符。如果没有发现 long int 型的值，或者它有错误的格式，那么 strtol 函数会把 nptr 存储到 endptr 指向的对象中。如果没有能表示的数，函数会把 ERANGE 存储到 errno 中。

返回：转换的数。如果没有转换可以执行，则返回零。如果无法表示数，则依赖于数的符号返回 LONG_MAX 或者 LONG_MIN。

17. strtoul 把字符串转换成无符号长整数

原型：

```
unsigned long int strtoul(const char * nptr, char **endptr, int base);
```

功能：与 strtol 函数类似，只不过 strtoul 函数会把字符串转换成为无符号长整数。

返回：转换的数。如果没有转换可以执行，则返回零。如果无法表示数，则返回 ULONG_MAX。

18. system 执行操作系统命令

原型：

```
int system(const char * string);
```

功能：把 string 指向的字符串传递给操作系统的命令处理器（命令解释程序）来执行。

返回：当 string 是空指针时，如果命令处理器有效，则返回非零值。如果 string 不是空指针，则返回由实现定义的值。

# B.4　string.h 中包括的常用函数

1. memchr 搜索内存块字符

原型：

```
void * memchr(const void * s, int c, size_t n);
```

返回：指向字符的指针，此字符是 s 所指向对象的前 n 个字符中第一个遇到的字符 c。如果没有找到 c，则返回空指针。

2. memcmp 比较内存块

原型：

```
int memcmp(const void * s1, const void * s2, size_t n);
```

返回：负整数、零还是正整数依赖于 s1 所指向对象的前 n 个字符是小于、等于还是大于 s2 所指向对象的前 n 个字符。

3. memcpy 复制内存块

原型：

```
void * memcpy(void * s1, const void * s2, size_t n);
```

功能：把 s2 所指向对象的 n 个字符复制到 s1 所指向的对象中。如果对象重叠,则不可能正确地工作。

返回：s1(指向目的的指针)。

4. memmove 复制内存块

原型：

```
void * memmove(void * s1, const void * s2, size_t n);
```

功能：把 s2 所指向对象的 n 个字符复制到 s1 所指向的对象中。如果对象重叠,即使 memmove 函数比 memcpy 函数速度慢,但是 memmove 函数还将正确地工作。

返回：s1(指向目的的指针)。

5. memset 初始化内存块

原型：

```
void * memset(void * s, int c, size_t n);
```

功能：把 c 存储到 s 指向的内存块的前 n 个字符中。

返回：s(指向内存块的指针)。

6. strcat 字符串的连接

原型：

```
char * strcat(char * s1, const char * s2);
```

功能：把 s2 指向的字符串连接到 s1 指向的字符串后边。

返回：s1(指向连接后字符串的指针)。

7. strchr 搜索字符串中字符

原型：

```
char * strchr(const char * s, int c);
```

返回：指向字符的指针,此字符是 s 所指向的字符串的前 n 个字符中第一个遇到的字符 c。如果没有找到 c,则返回空指针。

8. strcmp 比较字符串

原型：

```
int strcmp(const char * s1, const char * s2);
```

返回：负数、零还是正整数,依赖于 s1 所指向的字符串是小于、等于还是大于 s2 所指的字符串。

9. strcpy 字符串复制

原型：

```
char * strcpy(char * s1, const char * s2);
```

功能：把 s2 指向的字符串复制到 s1 所指向的数组中。

返回：s1(指向目的的指针)。

10. strcspn 搜索集合中不在初始范围内的字符串

原型：

```
size_t strcspn(const char * s1, const char * s2);
```

返回：最长的初始字符段的长度，此初始字符段由 s1 指向的，但是不包含 s2 指向的字符串中的任何字符。

11. strerror 把错误数转换成为字符串

原型：

```
char * strerror(int errnum);
```

返回：指向字符串的指针，此字符串含有的出错消息对应 errnum 的值。

12. strlen 字符串长度

原型：

```
size_t strlen(const char * s);
```

返回：s 指向的字符串长度，不包括空字符。

13. strncat 有限制的字符串的连接

原型：

```
char * strncat(char * s1, const char * s2, size_t n);
```

功能：把来自 s2 所指向的数组的字符连接到 s1 指向的字符串后边。当遇到空字符或已经复制了 n 个字符时，复制操作停止。

返回：s1（指向连接后字符串的指针）。

14. strncmp 有限制的字符串比较

原型：

```
int strncmp(const char * s1, const char * s2, size_t n);
```

返回：负整数、零还是正整数，依赖于 s1 所指向的数组的前 n 个字符是小于、等于还是大于 s2 所指向的数组的前 n 个字符。如果在其中某个数组中遇到空字符，比较都会停止。

15. strncpy 有限制的字符串复制

原型：

```
char * strncpy(char * s1, const char * s2, size_t n);
```

功能：把 s2 指向的数组的前 n 个字符复制到 s1 所指向的数组中。如果在 s2 指向的数组中遇到一个空字符，那么 strncpy 函数为 s1 指向的数组添加空字符直到写完 n 个字符的总数量。

返回：s1（指向目的的指针）。

16. strpbrk 为一组字符之一搜索字符串

原型：

```
char * strpbrk(const char * s1, const char * s2);
```

返回：指向字符的指针，此字符是 s1 所指向字符串中与 s2 所指向字符串中的字符相匹配的最左侧的字符。如果没有找到匹配字符，则返回空指针。

17. strrchr 反向搜索字符串中字符

原型：

```
char * strrchr(const char * s, int c);
```

返回：指向字符的指针，此字符是 s 所指向字符串中最后一个遇到的字符 c。如果没有找到 c，则返回空指针。

18. strspn 搜索集合中在初始范围内的字符串

原型：

```
size_t strspn(const char * s1, const char * s2);
```

返回：最长的初始字符段的长度，此初始字符段是由 s1 指向的且与 s2 指向的字符串中的全部字符一致的字符段。

19. strstr 搜索子字符串

原型：

```
char * strstr(const char * s1, const char * s2);
```

返回：指针，此指针指向 s1 字符串中的字符第一次出现在 s2 字符串中的位置。如果没有发现匹配，就返回空指针。

20. strtok 搜索字符串记号

原型：

```
char * strtok(char * s1, const char * s2);
```

功能：在 s1 指向的字符串中搜索"记号"。组成此记号的字符不在 s2 指向的字符串中。如果存在记号，则把跟在记号后边的字符变为空字符。如果 s1 是空指针，则将继续由 strtok 函数最近一次调用开始处搜索。在上一个记号尾部的空字符之后立即开始搜索。

返回：指向记号的第一个字符的指针。如果没有发现记号，就返回空指针。

21. strxfrm 转换指定地区的字符串

原型：

```
size_t strxfrm(char * s1, const char * s2, size_t n);
```

功能：函数转换由 s2 指向的字符串，把结果的前 n 个字符（包括空字符）放到 s1 指向的数组中。调用带有两个转换的字符串的 strcmp 函数应该会产生相同的结果（负数、零或正数），就像调用带有原始字符串的 strcol 函数。

返回：转换的字符串的长度（可能超过 n）。

# B.5　time.h 中包括的常用函数

1. asctime 把日期和时间转换成 ASCII 码

原型：

```
char * asctime(const struct tm * timeptr);
```

返回：指向以空字符结尾的字符串的指针，其格式如下所示：

```
Mon Jul 15 12:30:45 1996\n
```

## 2. clock 处理器时钟
原型：

```
clock_t clock(void);
```

返回：从程序开始执行起所经过的处理器时间（按照"时钟嘀嗒"来衡量的）。（用 CLOCKS_PER_SEC 除以此时间来转换成秒）如果时间无效或者无法表示，那么返回 (clock_t)－1。

## 3. ctime 把日期和时间转换成字符串
原型：

```
char * ctime(const time_t * timer);
```

返回：指向字符串的指针，此字符串描述了本地时间，此时间等价于 timer 指向的日历时间。等价于 asctime(localtime(timer))。

## 4. difftime 时间差
原型：

```
double difftime(time_t time1, time_t time0);
```

返回：time0（较早的时间）和 time1 之间的差值，此值按秒来衡量。

## 5. gmtime 转换成格林威治标准时间
原型：

```
struct tm * gmtime(const time_t * timer);
```

返回：指向结构的指针，此结构包含的分解的 UTC（协调世界时间——从前的格林威治时间）值等价于 timer 指向的日历时间。如果 UTC 无效，则返回空指针。

## 6. localtime 转换成区域时间
原型：

```
struct tm * localtime(const time_t * timer);
```

返回：指向结构的指针，此结构含有的分解时间等价于 timer 指向的日历时间。

## 7. mktime 转换成日历时间
原型：

```
time_t mktime(struct tm * timeptr);
```

功能：把分解的区域时间（存储在由 timeptr 指向的结构中）转换成为日历时间。结构的成员不要求一定在合法的取值范围内。而且，会忽略 tm_wday（星期的天号）的值和 tm_yday（年份的天号）的值。调整其他成员到正确的取值范围内之后，mktime 函数把值存储在 tm_wday 和 tm_yday 中。

返回:日历时间对应 timeptr 指向的结构。如果无法表示日历时间,则返回(time_t)-1。

8. time 当前时间

原型:

```
time_t time(time_t * timer);
```

返回:当前的日历时间。如果日历时间无效,则返回(time_t)-1。如果 timer 不是空指针,也把返回值存储到 timer 指向的对象中。

# B.6  ctype.h 中包括的常用函数

1. tolower 转换成小写字母

原型:

```
int tolower(int c);
```

返回:如果 c 是大写字母,则返回相应的小写字母。如果 c 不是大写字母,则返回无变化的 c。

2. toupper 转换成大写字母

原型:

```
int toupper(int c);
```

返回:如果 c 是小写字母,则返回相应的大写字母。如果 c 不是小写字母,则返回无变化的 c。

3. isalnum 测试是字母或数字

原型:

```
int isalnum(int c);
```

返回:如果 isalnum 是字母或数字,返回非零值;否则返回零。(如果 isalph(c)或 isdigit(c)为真,则 c 是字母或数字。)

4. isalpha 测试字母

原型:

```
int isalpha(int c);
```

返回:如果 isalnum 是字母,返回非零值;否则返回零。(如果 islower(c)或 isupper(c)为真,则 c 是字母。)

5. iscntrl 测试控制字符

原型:

```
int iscntrl(int c);
```

返回:如果 c 是控制字符,返回非零值;否则返回零。

6. isdigit 测试数字

原型：

```
int isdigit(int c);
```

返回：如果 c 是数字，返回非零值；否则返回零。

7. isgraph 测试图形字符

原型：

```
int isgraph(int c);
```

返回：如果 c 是显示字符（除了空格），返回非零值；否则返回零。

8. islower 测试小写字母

原型：

```
int islower(int c);
```

返回：如果 c 是小写字母，返回非零值；否则返回零。

9. isprint 测试显示字符

原型：

```
int isprint(int c);
```

返回：如果 c 是显示字符（包括空格），返回非零值；否则返回零。

10. ispunct 测试标点字符

原型：

```
int ispunct(int c);
```

返回：如果 c 是标点符号字符，返回非零值；否则返回零。除了空格、字母和数字字符以外，所有显示字符都可以看成是标点符号。

11. isspace 测试空白字符

原型：

```
int isspace(int c);
```

返回：如果 c 是空白字符，返回非零值；否则返回零。空白字符有空格（' '）、换页符（'\f'）、换行符（'\n'）、回车符（'\r'），横向制表符（'\t'）和纵向制表符（'\v'）。

12. isupper 测试大写字母

原型：

```
int isupper(int c);
```

返回：如果 c 是大写字母，返回非零值；否则返回零。

13. isxdigit 测试十六进制数字

原型：

```
int isxdigit(int c);
```

返回：如果 c 是十六进制数字（0～9、a～f、A～F），返回非零值；否则返回零。

14. tolower 转换成小写字母

原型:

```
int tolower(int c);
```

返回:如果 c 是大写字母,则返回相应的小写字母。如果 c 不是大写字母,则返回无变化的 c。

15. toupper 转换成大写字母

原型:

```
int toupper(int c);
```

返回:如果 c 是小写字母,则返回相应的大写字母。如果 c 不是小写字母,则返回无变化的 c。

# B.7　conio.h 中包括的常用函数

1. cgets 从控制台读取字符串

原型:

```
char * cgets(char * str)
```

功能:str[0]必须包含读入字符串的最大长度,str[1]则相应地设置为实际读入字符的个数,字符串从 str[2]开始。

返回:& str[2]。

2. cprintf 在屏幕上的文本窗口中格式化输出

原型:

```
int cprintf(const char * format,...)
```

功能:cprintf()函数输出一个格式化的字符串或数值到窗口中。它与 printf()函数的用法完全一样,区别在于 cprintf()函数的输出受窗口限制,而 printf()函数的输出为整个屏幕。

返回:输出的字节个数。

3. cputs 在屏幕上的文本窗口中书写字符串

原型:

```
int cputs(const char * str)
```

功能:cputs()函数输出一个字符串到屏幕上,它与 puts()函数用法完全一样,只是受窗口大小的限制。

返回:打印的最后一个字符串。

4. cscanf 从控制台执行格式化输入

原型:

```
int cscanf(char * format [,argument,...])
```

返回：成功处理的输入字段数目。如果函数在文件结尾处读入，则返回值为 EOF。

5. getch 从控制台得到字符，但是不回显

原型：

```
int getch(void);
```

功能：直接从键盘获取键值，不等待用户按回车，只要用户按一个键，getch 就立刻返回。getch 函数常用于程序调试中，在调试时，在关键位置显示有关的结果以待查看，然后用 getch 函数暂停程序运行，当按任意键后程序继续运行。

返回：用户输入的 ASCII 码。

6. getche 也从控制台得到字符，但同时回显在屏幕上

原型：

```
int getche(void);
```

功能：从键盘上获得一个字符，在屏幕上显示的时候，如果字符超过了窗口右边界，则会被自动转移到下一行的开始位置。

返回：用户输入的 ASCII 码。

7. kbhit 检查最近的键盘输入

原型：

```
int kbhit(void);
```

返回：如果存在键盘输入，则返回一个非 0 整数。

8. putch 在屏幕上的文本窗口中输出字符

原型：

```
int putch(int ch);
```

返回：显示字符 ch。

9. ungetch 将一个字符退回至键盘

原型：

```
int ungetch(int ch);
```

功能：下一次调用 getch 或者其他控制台输入函数时，将返回 ch。

返回：成功则返回字符 ch，否则返回 EOF。

# 参 考 文 献

1. 杨波,刘明军主编. 程序设计基础(C 语言). 北京：清华大学出版社,2010
2. 姜桂洪等编著. C 程序设计教程习题解答与上机指导. 北京：清华大学出版社,2008
3. 姜灵芝，余健编著. C 语言课程设计案例精编. 北京：清华大学出版社,2008
4. 谭浩强主编. C 程序设计试题汇编. 北京：清华大学出版社,2006
5. 汪同庆，关焕梅，杨洁主编. C 语言程序设计实验教程. 北京：机械工业出版社,2007
6. 顾治华，陈天煌，贺国平编著. C 语言程序设计实验指导. 北京：机械工业出版社,2007
7. 刘振安，孙忱，刘燕君编著. C 程序设计课程设计. 北京：机械工业出版社,2004
8. 苏小红等编著. C 语言大学实用教程习题与实验指导. 北京：电子工业出版社,2004
9. 谭浩强主编. C 程序设计试题汇编(第二版). 北京：清华大学出版社,2006

普通高等教育"十一五"国家级规划教材
21世纪大学本科计算机专业系列教材

# 近期出版书目